現代基礎数学 1
新井仁之・小島定吉・清水勇二・渡辺 治 編集

数学の言葉と論理

渡辺　治
北野晃朗
木村泰紀　著
谷口雅治

朝倉書店

編集委員

新井仁之 　東京大学大学院数理科学研究科

小島定吉 　東京工業大学大学院情報理工学研究科

清水勇二 　国際基督教大学教養学部理学科

渡辺　治 　東京工業大学大学院情報理工学研究科

はじめに

　この本はその題名の通り，数学の言葉を学び，数学の論法を身に付けるための本です．

　皆さんは「数学の言葉」と言ったら何を思い浮かべますか？　やはり数式でしょうか？　しかし，数式は数学の言葉のほんの一部にすぎません．数式よりももっと基本的な言葉があり，それが数学を支えているのです．それは数式の意味を定めたり，重要な数式を導き出すための言葉です．

　「それって，あの幾何の証明の話ですか？」と顔をしかめる人もいるでしょう．わかりきったことを回りくどく説明する傾向があり，「なぜこんな言い方？」という疑問を抱いたまま仕方なく勉強した，という悪いイメージを持っている人も多いと思います．その気持ちももっともだと思います．

　数学では，ごくごく限られた単純な言葉や記号を組み合わせて議論します．そうすることによって，議論を明確にでき，何がわかっていて，何がわからないかを明らかにできるからです．けれども，限られた言葉であらわすには，少しコツがいります．ちょうど，五七五でうまく詩を表現するのに慣れが必要なようにです．本書は，そのコツを学ぶための手助けになることを目指しています．

　数学の勉強では，言葉の使い方よりも，数学の重要な概念や数式の扱い方の修得の方が優先されます．幾何では図形の理解の方に，微積では微分や積分の計算法とその応用に，線形代数では行列の計算方法や線形空間の理解の方に重きが置かれます．優先順位からすれば当然なことで，数学の言葉の使い方は，その中で身に付けていくことも可能です．

　しかし，運よく自然に数学の言葉に慣れた人はいいのですが，そこにつまずく人も多いように思います．悪名高き ϵ-δ 法を難しく感じるのも，数学の言葉に慣れていないだけなのです．実は，数学自身もそのようなつまずきを経験しました．そのお陰で数学者は数学の言葉について明確な認識を持つようになり，

本書で述べるような数学の言葉と論法が確立されたのです．

こうした数学の言葉や記号，そして論法は，自然科学だけでなく，ありとあらゆることに使用できます．コンピュータの出現で，それが顕著になってきました．コンピュータは科学技術だけでなく，銀行の業務処理から我々の知的作業を手伝うような仕事まで，様々な分野で利用されています．そこで「情報」を表現し，分析するときの基本となるのが，数学の言葉と論理なのです．

その重要性から，最近では一般の数学の他に，「論理と集合」とか「情報数学」といった名称で，数学の言葉や論理を中心に教える科目が出てきました．本書も，東京工業大学の情報科学科で，同種の授業を担当している教員たちが，その経験をもとに作成しました．1章は木村，2章は北野，3章は谷口，そして4章は渡辺が執筆を担当し，全体の書き方の調整を木村と渡辺が行いました．

言葉や記号の使い方を中心にすると，どうしても話に深みがなくなり，数学としての面白みが薄れます．そこで本書では，基本的な数学の言葉を使って，多少高度な数学の議論を展開する例(2章：ベルンシュタインの定理，選択公理，3章：実数の構成)も示しました．また，4章では数学の言葉の情報処理への応用も紹介しました．これら多少高度なものには※印を付けましたので，習熟度に応じて読んで頂ければと思います．また，厳密さと読みやすさのバランスを考え，厳密さを犠牲にしても読みやすさを優先したところもあります．その点，不満足に思われた方は，参考図書にあげた高度な本へと進んで下さい．

本書の執筆では，以下の方々にご協力頂きました．まず，我々の同僚の高沢光彦氏(東京工業大学)には，草稿の段階から内容や書き方についての議論に加わって頂き，原稿を詳細にチェックして頂きました．小林孝次郎氏(創価大学)にも原稿を詳細にチェックして頂きました．また，新井紀子氏(国立情報学研究所)，鹿島亮氏(東京工業大学)からは貴重なご助言を頂きました．朝倉書店編集部は，ともすると停滞しがちになる我々執筆陣を励まし，細かな点まで校正して下さいました．これらの方々に深く感謝いたします．

本書によって，数学を専攻するしないにかかわらず，数学の言葉や論法にも興味を持つ方が生まれれば幸いです．

2008年8月

著 者 一 同

目　　次

1. 論理と集合 …………………………………………………… 1
   1.1 命題論理 ……………………………………………… 1
   1.2 述語論理 ……………………………………………… 14
   1.3 証　　明 ……………………………………………… 20
   1.4 集　　合 ……………………………………………… 30
   章末問題 ………………………………………………… 54

2. 写像と濃度 …………………………………………………… 56
   2.1 関数と写像 …………………………………………… 56
   2.2 写像のグラフ ………………………………………… 60
   2.3 写像の性質 …………………………………………… 70
   2.4 濃　　度 ……………………………………………… 77
   2.5 ベルンシュタインの定理※ …………………………… 91
   2.6 選択公理※ …………………………………………… 95
   章末問題 ………………………………………………… 101

3. 二項関係 ……………………………………………………… 103
   3.1 二項関係 ……………………………………………… 103
   3.2 順序と順序同型 ……………………………………… 107
   3.3 同値関係と同値類 …………………………………… 113
   3.4 整数の構成 …………………………………………… 121
   3.5 二項関係上の演算 …………………………………… 127
   3.6 実数の構成※ ………………………………………… 137

章 末 問 題 ………………………………………………………… 149

4. 数学的論法 ………………………………………………… 152
　4.1　対偶による証明 ………………………………………… 152
　4.2　帰納法・帰納的定義 …………………………………… 159
　4.3　数学の言葉を使ってみよう …………………………… 169
　4.4　数学の言葉の使用例：形式言語入門 ………………… 175
　章 末 問 題 ………………………………………………………… 196

章末問題解答 ………………………………………………………… 199

参考図書の紹介 ……………………………………………………… 213

索　　引 ……………………………………………………………… 215

第1章
論理と集合

CHAPTER 1

　数学といえば，まずはじめに連想されるのは式の展開や因数分解に代表される計算問題だという人も多いに違いない．またある人は，定理や証明という言葉を思いうかべるかもしれない．

　もちろん，実際の数学において数式の変形などの計算や定理とその証明は重要な意味を持つのであるが，それらすべてを支えている基本的かつ重要な数学の道具としての「命題」と「論理」は，欠かすことのできないものといえるであろう．本章ではまず，命題とはどういう概念なのかについて解説し，ある命題から別の新しい命題を構成するためのいくつかの概念や，命題を操作することによって証明を構成していく方法を学んでいく．さらに，数学で用いられる命題を記述するためには不可欠な「集合」の概念についても学ぶ．

1.1　命　題　論　理

　次の文を見てみよう．
(1) 100 は偶数である．
(2) 100 は大きな数である．
いずれの文も 100 という数に関する文であるが，明らかにそのニュアンスは異なっている．これらのうちどちらを数学で扱うのかとたずねれば，(1) であると答える人が多いのではないだろうか．では，これらの文の違いは何だろうか．1つの大きな違いとして，客観的事実か主観的判断かということがある．つまり，(1) は誰にとっても正しいのだが，(2) はその人の判断やおかれている状況によって大きい数であったりそうでなかったりするのである．

そこで，(2) のような曖昧な文を避け，(1) のような文だけをさすために，本書では次のようにして「命題」という語を用いることにする．すなわち，**命題** (proposition) とは，意味が明確であり，客観的に見て正しいかそうでないかが定まっている文をいう．ここで注意してほしいのは，その文の主張する内容が正しいかどうかは命題であるかどうかに関係しないということである．たとえば

(3) 100 は素数である．

という文は，主張は正しくないけれども命題である．

一般に，命題の主張が正しいとき，その命題は**真** (true) であるといい，正しくないとき**偽** (false) であるという．(1) は真である命題であり，(3) は偽である命題である．

ところで，実は (2) の文も「大きい」という言葉を，たとえば「10 以上である」という意味だと定めれば，真である命題だと考えることができる．一般に，命題を構成する言葉はすべて意味が明確である必要があり，逆に，ある文で用いられる言葉に明確な意味が定められれば，それは命題と見なすこともできる．ある言葉に対して定められた明確な意味をその言葉の**定義** (definition) といい，定義を与えることを「定義する」という．数学においては「通常の言葉の意味とは異なって見える定義」がしばしばおこなわれる．したがって，数学の命題を見て意味が曖昧な言葉が出てきたら定義をきちんと確認する必要がある．

なお，本書では言葉の定義についてのこみいった議論を避けるため，ほとんどは，常識的な意味での解釈と高校数学程度までで習得する数学記号のみを用いることにする．

例題 1.1 次の文を真である命題，偽である命題および命題であるとはいえないものに分類せよ．

(1) おはようございます．
(2) 日本は北半球にある．
(3) オーストラリアは北半球にある．
(4) 円周率 π は有理数である．
(5) 2 は最小の素数である．
(6) 正三角形は美しい．
(7) $\sqrt{3}$ は無理数である．

(8) x は正の数であると仮定する．
(9) $2 < 1$ である．
(10) 全単射な写像には逆写像が存在する．

解答 真である命題は (2), (5), (7), (10). 偽である命題は (3), (4), (9). 命題といえないものは (1), (6), (8) である．ただし，(10) が真である命題であることを理解するためには写像に関する用語の定義を確認する必要がある．■

連言と選言 学生の A 君が通っている学校では，数学や物理，化学などの授業がおこなわれており，学生はこれらのうちいくつかの授業の受講生となって授業を受ける．このとき，「A 君は数学の受講生である」や「A 君は物理の受講生である」という文は，通常の解釈で命題と見なすことができる．これらの命題を組み合わせることによって，別の命題を作り出すことを考えよう．たとえば「A 君は数学と物理の両方の受講生である」や「A 君は，数学の受講生であるならば物理の受講生でもある」のような命題は，前述の命題をあわせたものと考えることができそうである．

2 つの命題の組み合わせ方とその真偽をくわしく観察するために，次のような記号を用いることにする．命題は $P, Q, R, \ldots$ であらわし，真であることを T，偽であることを F とあらわす．

まず最初に「A 君は数学と物理の両方の受講生である」のような組み合わせ方を考えよう．一般に命題 P, Q に対して「P かつ Q である」という命題を P と Q の**連言** (conjunction) といい，$P \wedge Q$ であらわす．なお，記号 $\wedge$ は「アンド」あるいは「かつ」と読む．「P かつ Q である」という命題の真偽を考えると，P と Q がともに真のときは「P かつ Q である」も真であり，P と Q のうちいずれかが偽の場合には「P かつ Q である」は偽であるから，$P \wedge Q$ の真偽は P と Q の真偽に応じて表 1.1 のようになる．

表 1.1 連言

P	Q	$P \wedge Q$
T	T	T
T	F	F
F	T	F
F	F	F

このように命題を論理記号でつなげて作られるものも「命題」ではあるが，複数の命題を論理記号でつなげて得られるものは，とくに**命題論理式** (propositional formula) と呼ばれることもある．

例 1.2 命題 P, Q, R に対して
$$(P \wedge Q) \wedge R \Leftrightarrow P \wedge (Q \wedge R)$$
が成り立つ．ただし，本書では記号 $\Leftrightarrow$ を，その両辺の意味が等しいことをあらわす記号として使う．命題論理式の場合には，もっと厳密に「真偽が常に一致していること」と考えてもよい．実際に確かめてみよう．

命題 P, Q, R の真偽の組合せは全部で $2^3 = 8$ 通りある．これらすべての場合について真偽の表を作成して両辺の真偽を比較すればよい．表 1.1 の定義に基づいてまず $P \wedge Q$ の真偽をそれぞれの場合について求め，次に $P \wedge Q$ と R の真偽から $(P \wedge Q) \wedge R$ の真偽を求めることで，左辺の真偽が計算できる．右辺についても同様にしておこなう．このようにして得られる表は次のようになる．

				左辺の計算		右辺の計算
P	Q	R	$P \wedge Q$	$(P \wedge Q) \wedge R$	$Q \wedge R$	$P \wedge (Q \wedge R)$
T	T	T	T	T	T	T
T	T	F	T	F	F	F
T	F	T	F	F	F	F
T	F	F	F	F	F	F
F	T	T	F	F	T	F
F	T	F	F	F	F	F
F	F	T	F	F	F	F
F	F	F	F	F	F	F

この表より，$(P \wedge Q) \wedge R$ の欄と $P \wedge (Q \wedge R)$ の欄の真偽がすべて一致しているので，$(P \wedge Q) \wedge R \Leftrightarrow P \wedge (Q \wedge R)$ が成り立つことがわかった．

この例で示した式は，命題 P, Q, R がいかなるものであっても成立する式である．$\wedge$ に関して成立する基本的な式としては次のようなものがあげられ，それぞれ**冪等法則** (idempotent law)，**交換法則** (commutative law)，**結合法則** (associative law) と呼ばれる．定理の形でまとめておこう．

定理 1.3 (∧ の計算法則)　命題 P, Q, R に対して次の関係が成立する．
- 冪等法則：$P \wedge P \Leftrightarrow P$.
- 交換法則：$P \wedge Q \Leftrightarrow Q \wedge P$.
- 結合法則：$(P \wedge Q) \wedge R \Leftrightarrow P \wedge (Q \wedge R)$.

括弧を用いずに $P \wedge Q \wedge R$ とあらわすと，どちらが優先されるかによって $(P \wedge Q) \wedge R$ とも $P \wedge (Q \wedge R)$ とも解釈できる．しかしながら，結合法則によればこれらは真偽がつねに一致するため，命題の真偽を考える際には区別の必要がない．このような場合には括弧の省略を許すことにしよう．以後，誤解が生じない範囲においては断りなく括弧を省略する場合がある．

次に「A 君は数学の受講生であるか，または物理の受講生である」にあたる組み合わせ方を考えよう．命題 P, Q に関して，「P または Q である」という命題を P と Q の**選言** (disjunction) といい，$P \vee Q$ であらわす．$P \vee Q$ の真偽は P と Q の真偽に応じて表 1.2 のようになる．なお，記号 ∨ は「オア」あるいは「または」と読む．

表 1.2　選言

P	Q	$P \vee Q$
T	T	T
T	F	T
F	T	T
F	F	F

ここで，P と Q がともに真のときに $P \vee Q$ も真になっていることに注意しよう．すなわち，上の例でいうと数学と物理の両方の受講生である場合にもこの命題は真となるのである．日常の言語では「P または Q である」といったときには「P または Q のいずれか 1 つである」という意味の場合も少なくないが，数学的には「P または Q のいずれかあるいは両方が成立する」という意味であることに注意しよう．

レストランのメニューに「ランチセットにはコーヒーまたは紅茶がついています」と書いてあるとき，両方つけてもらうというのは，論理としての解釈では正しいのである．もちろん，常識的にはまず認められないことではある．

選言についても連言と同様に，次のことがつねに成り立つ．

定理 1.4 (∨ の計算法則)　命題 P, Q, R に対して次の関係が成立する.
- 冪等法則：$P \vee P \Leftrightarrow P$.
- 交換法則：$P \vee Q \Leftrightarrow Q \vee P$.
- 結合法則：$(P \vee Q) \vee R \Leftrightarrow P \vee (Q \vee R)$.

例題 1.5　命題 P, Q, R に対して
$$P \wedge (Q \vee R) \Leftrightarrow (P \wedge Q) \vee (P \wedge R)$$
が成立することを示せ.

解答　命題 P, Q, R の真偽の組合せ 8 通りすべての場合について，真偽の表を作成して両辺の真偽を比較すればよい．左辺と右辺のそれぞれを計算すると次のようになる．

P	Q	R	左辺の計算		右辺の計算		
			$Q \vee R$	$P \wedge (Q \vee R)$	$P \wedge Q$	$P \wedge R$	$(P \wedge Q) \vee (P \wedge R)$
T	T	T	T	T	T	T	T
T	T	F	T	T	T	F	T
T	F	T	T	T	F	T	T
T	F	F	F	F	F	F	F
F	T	T	T	F	F	F	F
F	T	F	T	F	F	F	F
F	F	T	T	F	F	F	F
F	F	F	F	F	F	F	F

これより，$P \wedge (Q \vee R)$ と $(P \wedge Q) \vee (P \wedge R)$ の真偽がすべて一致することから，$P \wedge (Q \vee R) \Leftrightarrow (P \wedge Q) \vee (P \wedge R)$ が成り立つことが示された．　■

この例題で示された関係において，∧ と ∨ を入れ替えたものも同様に成立する．これらをあわせて**分配法則** (distributive law) と呼ぶ．

定理 1.6 (分配法則)　命題 P, Q, R に対して次の関係が成立する.
- 分配法則 (1)：$P \wedge (Q \vee R) \Leftrightarrow (P \wedge Q) \vee (P \wedge R)$.
- 分配法則 (2)：$P \vee (Q \wedge R) \Leftrightarrow (P \vee Q) \wedge (P \vee R)$.

これらと似たような式として，次のものも成立することがわかる．

定理 1.7 命題 P, Q, R に対して
$$P \wedge (Q \wedge R) \Leftrightarrow (P \wedge Q) \wedge (P \wedge R),$$
$$P \vee (Q \vee R) \Leftrightarrow (P \vee Q) \vee (P \vee R)$$
が成り立つ．

証明 真偽の表を作ることで証明できるが，ここでは各法則を用いた変形——論理の計算——のみで証明しよう．変形をおこなうと

$$\begin{aligned}
P \wedge (Q \wedge R) &\Leftrightarrow (P \wedge P) \wedge (Q \wedge R) & (\wedge \text{の冪等法則}) \\
&\Leftrightarrow P \wedge (P \wedge (Q \wedge R)) & (\wedge \text{の結合法則}) \\
&\Leftrightarrow P \wedge ((P \wedge Q) \wedge R) & (\wedge \text{の結合法則}) \\
&\Leftrightarrow (P \wedge (P \wedge Q)) \wedge R & (\wedge \text{の結合法則}) \\
&\Leftrightarrow ((P \wedge Q) \wedge P) \wedge R & (\wedge \text{の交換法則}) \\
&\Leftrightarrow (P \wedge Q) \wedge (P \wedge R) & (\wedge \text{の結合法則})
\end{aligned}$$

となり，$P \wedge (Q \wedge R)$ と $(P \wedge Q) \wedge (P \wedge R)$ の真偽が一致すること，すなわち，$P \wedge (Q \wedge R) \Leftrightarrow (P \wedge Q) \wedge (P \wedge R)$ が示された．$P \vee (Q \vee R) \Leftrightarrow (P \vee Q) \vee (P \vee R)$ についても同様の方法で示すことができる． □

否定 命題 P に対して，その否定，すなわち「P でない」という命題を考えよう．たとえば，「A 君は数学の受講生である」という命題に対して「A 君は数学の受講生ではない」という命題である．一般に，P の**否定** (negation) は $\neg P$ とあらわされ，真偽の関係は表 1.3 のようになる．

表 1.3 否定

P	$\neg P$
T	F
F	T

否定については次の**二重否定の法則** (law of double negation) が成立する．

定理 1.8 (二重否定の法則) 命題 P に関して
- 二重否定の法則：$\neg \neg P \Leftrightarrow P$

が成立する．

証明 $P, \neg P$ および $\neg\neg P$ の真偽の表は次のようになる．

P	$\neg P$	$\neg\neg P$
T	F	T
F	T	F

これより，P と $\neg\neg P$ の真偽はつねに一致するので，$\neg\neg P \Leftrightarrow P$ が成り立つことが証明された． □

これまでに導入された記号を組み合わせることで，**ド・モルガンの法則** (de Morgan's law) と呼ばれる次の式が成り立つことが示される．

定理 1.9 (ド・モルガンの法則) 命題 P, Q に対して次の関係が成立する．
- ド・モルガンの法則 (1)：$\neg P \wedge \neg Q \Leftrightarrow \neg(P \vee Q)$．
- ド・モルガンの法則 (2)：$\neg P \vee \neg Q \Leftrightarrow \neg(P \wedge Q)$．

証明 まず $\neg P \wedge \neg Q \Leftrightarrow \neg(P \vee Q)$ については次の真偽の表から成り立つことが証明される．

		左辺の計算			右辺の計算	
P	Q	$\neg P$	$\neg Q$	$\neg P \wedge \neg Q$	$P \vee Q$	$\neg(P \vee Q)$
T	T	F	F	F	T	F
T	F	F	T	F	T	F
F	T	T	F	F	T	F
F	F	T	T	T	F	T

2番目の法則 $\neg P \vee \neg Q \Leftrightarrow \neg(P \wedge Q)$ についても同様に真偽の表を作ることで証明できるが，ここでは論理の計算により証明してみよう．

$$\begin{aligned}
\neg(P \wedge Q) &\Leftrightarrow \neg(\neg\neg P \wedge \neg\neg Q) && \text{(二重否定の法則)} \\
&\Leftrightarrow \neg(\neg(\neg P) \wedge \neg(\neg Q)) \\
&\Leftrightarrow \neg(\neg(\neg P \vee \neg Q)) && \text{(ド・モルガンの法則 (1))} \\
&\Leftrightarrow \neg\neg(\neg P \vee \neg Q) \\
&\Leftrightarrow \neg P \vee \neg Q. && \text{(二重否定の法則)}
\end{aligned}$$

よって真偽が一致することが示された． □

命題 P を「A 君は数学の受講生である」とし，命題 Q を「A 君は物理の受講生である」としよう．このとき $P \vee Q$ は「A 君は数学と物理の少なくとも 1 つの受講生である」という意味になる．このとき，$P \vee Q$ の否定は「数学と物理の少なくとも 1 つについて A 君は受講生でない」となるのではなく，「数学と物理の両方について A 君は受講生でない」となることに注意しよう．これがド・モルガンの法則 (1) の主張である．

含意　命題「A 君は数学の受講生である」と命題「A 君は物理の受講生である」から「A 君が数学の受講生であるならば，A 君は物理の受講生でもある」という命題を作り出すことを考えよう．一般に，命題 P と命題 Q に対し，「P ならば Q」という命題は**含意** (implication) と呼ばれ，$P \to Q$ であらわす．$P \to Q$ の真偽は表 1.4 のようになる．

表 1.4　含意

P	Q	$P \to Q$
T	T	T
T	F	F
F	T	T
F	F	T

表 1.4 において，命題 P が偽のときには，命題 Q の真偽にかかわらず $P \to Q$ は真となっているが，これはどのように解釈できるだろうか．次の例を見てみよう．

例 1.10　ある数学の授業において，教師が「期末試験で満点をとれば A 評価が与えられる」といった．この主張は命題 P を「期末試験で満点をとる」，命題 Q を「A 評価が与えられる」としたとき，$P \to Q$ という式であらわされる．この命題の真偽は，命題 P および Q の真偽によってどのように変化するだろうか．

まず命題 P が真のとき，すなわち，期末試験で満点をとった場合について見てみよう．このとき，もし A 評価が与えられればこの主張にのっとっている，つまり $P \to Q$ は真であると解釈できる．また，もし A 評価が与えられなかったとしたら，この教師の主張は守られていない，つまり $P \to Q$ は偽であると

解釈できる．これらは表1.4の上2行に対応している．

一方，期末試験で満点をとらなかった場合は命題Pが偽である場合に対応する．このとき，Qが偽，つまりA評価が与えられないとしてもそれは教師の主張にのっとっており，表の4行目の通り$P \to Q$は真であるといえる．

では満点をとらなかったにもかかわらずA評価が与えられた場合はどうなるか．

もちろんこの場合にも教師の主張「期末試験で満点をとればA評価が与えられる」は依然として守られており，命題$P \to Q$は真であるとするべきであろう．これが表1.4の3行目の部分にあたる．

命題$P \to Q$は次のように書き換えることができる．

定理 1.11 命題P, Qに対して
$$P \to Q \Leftrightarrow \neg P \vee Q$$
が成り立つ．

証明 両辺の真偽の表は次のようになる．

		左辺の計算	右辺の計算	
P	Q	$P \to Q$	$\neg P$	$\neg P \vee Q$
T	T	T	F	T
T	F	F	F	F
F	T	T	T	T
F	F	T	T	T

これより$P \to Q$と$\neg P \vee Q$は真偽がつねに一致していることが証明された． □

これを用いるとさらに次の定理が証明できる．

定理 1.12 命題P, Qに対して
$$P \to Q \Leftrightarrow \neg Q \to \neg P$$
が成り立つ．

証明 次のような論理の計算をおこなうと

$$\neg Q \to \neg P \Leftrightarrow \neg\neg Q \vee \neg P \qquad \text{(定理 1.11)}$$
$$\Leftrightarrow Q \vee \neg P \qquad \text{(二重否定の法則)}$$
$$\Leftrightarrow \neg P \vee Q \qquad \text{($\vee$ の交換法則)}$$
$$\Leftrightarrow P \to Q \qquad \text{(定理 1.11)}$$

となり，真偽がつねに一致していることが証明された．　　　□

命題 $P \to Q$ に対して $\neg Q \to \neg P$ を $P \to Q$ の**対偶** (contrapositive) という．この定理からわかるように，命題 $P \to Q$ とその対偶 $\neg Q \to \neg P$ は真偽がつねに一致する．また，命題 $P \to Q$ に対して $Q \to P$ を $P \to Q$ の**逆** (converse) といい，$\neg P \to \neg Q$ を $P \to Q$ の**裏** (inverse) という．一般に命題 $P \to Q$ とその逆，あるいは命題 $P \to Q$ とその裏の真偽が一致するとは限らないが，逆と裏は互いに対偶の関係にあるため，真偽は一致する．

例題 1.13 命題 P, Q, R に対して
$$(P \wedge Q) \to R \Leftrightarrow P \to (Q \to R)$$
が成り立つことを示せ．

解答　各法則を用いて論理の計算をおこなうと
$$(P \wedge Q) \to R \Leftrightarrow \neg(P \wedge Q) \vee R \qquad \text{(定理 1.11)}$$
$$\Leftrightarrow (\neg P \vee \neg Q) \vee R \qquad \text{(ド・モルガンの法則)}$$
$$\Leftrightarrow \neg P \vee (\neg Q \vee R) \qquad \text{($\vee$ の結合法則)}$$
$$\Leftrightarrow \neg P \vee (Q \to R) \qquad \text{(定理 1.11)}$$
$$\Leftrightarrow P \to (Q \to R) \qquad \text{(定理 1.11)}$$

となり，真偽がつねに一致していることが証明された．　　　■

命題 P, Q に対し，$P \to Q$ と $Q \to P$ をあわせて $P \leftrightarrow Q$ とあらわすことがある．より正確には
$$P \leftrightarrow Q \Leftrightarrow (P \to Q) \wedge (Q \to P)$$
である．

推論　これまで論理記号を使って命題を構成する方法を見てきたが，それらを使って構成した命題の真偽を議論したい場合が出てくる．これまでは，真偽の表を作るか，あるいは真偽が等しい命題への変形，すなわち同値変形に基づく論理の計算を用いて議論してきたが，ここで最も基本的な方法——推論——を導入する．

たとえば，$P \wedge Q$ と $P \vee Q$ の2つの命題を考えよう．これらの真偽は，P, Q の真偽に応じて変化する．けれども $P \wedge Q$ が真のときには，必ず $P \vee Q$ も真になる．このとき，$P \wedge Q$ から $P \vee Q$ が**推論** (inference) されるといい，

$$P \wedge Q \Rightarrow P \vee Q$$

とあらわす．直感的には $\Rightarrow$ は「ならば」の記号である．

「推論」というと知的な意味合いや「推理」のような語感があるので，数学では普通，「導かれる」あるいは「示される」などということが多い．本書の以下の章でもその流儀にしたがい，必要のない限り「推論」という用語は使わず，推論 $\Rightarrow$ の組合せで命題を導き出すことを強調したい場合には，**論理の計算**と呼ぶことにする．

ここで推論 $\Rightarrow$ と含意 $\rightarrow$ の違いを明確にしておく．$P \rightarrow Q$ は命題である．つまり，真や偽の値を持つ．ただし，$P \wedge Q \rightarrow P \vee Q$ のように，つねに真となる場合もある．これは $P \wedge Q$ が真で $P \vee Q$ が偽となる場合がなく，$P \wedge Q$ が真のときは，必ず $P \vee Q$ が真となる関係があるからだ．そのようなときに「ならば」が成り立ち，推論 $\Rightarrow$ が使えるのである．つねに成り立つ「ならば」が $\Rightarrow$ であり，成り立つか否かを議論したいときの「ならば」が $\rightarrow$ と覚えておくとよいだろう．

例題 1.14　命題 Q, R に対し

$$Q \vee (R \wedge \neg R) \Rightarrow Q, \quad Q \Rightarrow Q \wedge (R \vee \neg R)$$

が成り立つことを示せ．

解答　まず，命題 $Q \vee (R \wedge \neg R) \rightarrow Q$ がつねに真であることを示す．この命題の真偽の表は次のようになる．

Q	R	$\neg R$	$R \wedge \neg R$	$Q \vee (R \wedge \neg R)$	$Q \vee (R \wedge \neg R) \to Q$
T	T	F	F	T	T
T	F	T	F	T	T
F	T	F	F	F	T
F	F	T	F	F	T

これより，$Q \vee (R \wedge \neg R) \to Q$ は Q と R の真偽にかかわらず，つねに真となる．したがって $Q \vee (R \wedge \neg R) \Rightarrow Q$ が成り立つ (といえるのである)．

$Q \Rightarrow Q \wedge (R \vee \neg R)$ についても同様に示すことができる．∎

さて，$P \Rightarrow Q$ も $Q \Rightarrow P$ も成立していたとしよう．これは $P \to Q$ も $Q \to P$ も，つねに真となる場合である．つまり，命題 P, Q の真偽が一致する場合である．このとき，命題 P は Q の必要十分条件，あるいは**同値条件** (equivalent condition) といい，$P \Leftrightarrow Q$ と書く．一方，$P \Rightarrow Q$ が成り立つとき，命題 P を Q の**十分条件** (sufficient condition) といい，命題 Q を P の**必要条件** (necessary condition) という．

本書は数理論理学の教科書ではないので，同値 ⇔ や推論 ⇒ については，もう少し直感的な使い方をしていく．実際，本書では，記号 ⇔ を「意味が同じ」という解釈のもとにすでに導入していた．それを厳密にいうと，上に述べた「真偽が一致する」になるのだが，本書では，もう少し直感的な使い方をする場合もある．たとえば，概念や記号の定義でも ⇔ を用いる．これは真偽が一致するというよりも「定義により同値」という使い方である．その場合にも，たとえば $P \Leftrightarrow Q$ から，$P \Rightarrow Q$ や $Q \Rightarrow P$ という推論をおこなってよいことにする．数学の教科書などでよく目にする「定義により ⋯ が成り立つ」という言い方に対応する推論と考えればよいだろう．

以下の一群の推論は，これからもよく使うので定理としてまとめておく．証明は，たとえば $Q \wedge R \Rightarrow Q$ ならば，$Q \wedge R \to Q$ が真偽の表で，つねに真となることを確認すればよい (ここでは省略する)．

定理 1.15 命題 Q, R に関して

$$Q \wedge R \Rightarrow Q, \quad Q \wedge R \Rightarrow R,$$
$$Q \Rightarrow Q \vee R, \quad R \Rightarrow Q \vee R$$

が成り立つ．

例題 1.16 命題 P, Q に対し $P \wedge (P \to Q) \Rightarrow Q$ が成り立つことを示せ.

解答 定義やこれまでの結果に基づく論理の計算を用いて示そう.

$$
\begin{aligned}
P \wedge (P \to Q) &\Rightarrow P \wedge (\neg P \vee Q) &&\text{(定理 1.11)} \\
&\Rightarrow (P \wedge \neg P) \vee (P \wedge Q) &&\text{(分配法則)} \\
&\Rightarrow (P \wedge Q) \vee (P \wedge \neg P) &&\text{($\vee$ の交換法則)} \\
&\Rightarrow P \wedge Q &&\text{(例題 1.14)} \\
&\Rightarrow Q. &&\text{(定理 1.15)} \qquad\blacksquare
\end{aligned}
$$

1.2 述語論理

前節で述べたように,「A 君は数学の受講生である」は命題であり,「A 君は物理の受講生である」も同様に命題である. これらの命題は「A 君は～の受講生である」という部分が同じになっていることから, 互いに似た命題だと考えるのは自然なことだろう. 本節ではまず, これらの命題を統一的に扱う方法を紹介し, その方法を用いてさらに新しい命題, すなわち,「A 君はすべての授業の受講生である」や「A 君が受講生であるような授業がある」などを構成する方法を述べる.

述語 命題「A 君は数学の受講生である」および「A 君は物理の受講生である」の類似した部分を考えよう. これらの命題は「A 君は x の受講生である」という, 変わりうる部分 x を含んだ文章に対して, x に「数学」あるいは「物理」を代入したものだと見なすことができる. このように, 変わりうる部分 x を用いてあらわされるもので, x に何かを代入することで命題となるものを $P(x)$ とあらわし, **述語** (predicate) と呼ぶ. またこのとき x を (論理) **変数** (variable) と呼ぶ. また, 述語をもとに, これまで導入した論理記号, そしてこれから導入する全称記号, 存在記号などを用いて作られる命題は, とくに**述語論理式** (predicate formula) と呼ばれることもある.

例 1.17 述語 $P(x)$ が「A 君は x の受講生である」の場合, x にあらゆる種類

の授業名を代入することによって命題とすることができる．たとえば $P(数学)$ は「A君は数学の受講生である」という命題であり，$P(化学)$ は「A君は化学の受講生である」という命題である．

全称命題と存在命題　述語は変数 x に具体的な値を代入することによって命題となるが，一方で，具体的な値を代入しなくても別の方法で命題を構成することができる．述語 $P(x)$ が「A君は x の受講生である」の場合，これを用いて「A君はすべての授業の受講生である」という命題を作るのである．この命題は**全称命題** (universal proposition) と呼ばれ，記号では

$$\forall x P(x)$$

とあらわす．「$\forall x$」は「すべての x について」「任意の x について」という意味であり，「$\forall$」は**全称記号** (universal quantifier) と呼ばれる．つまり，$\forall x P(x)$ は「すべての授業について，A君はその受講生である」という意味である．

次に「A君が受講生であるような授業がある」という命題について考えよう．この命題は「A君はある授業の受講生である」あるいは「ある授業があって，A君はその授業の受講生である」と同じ意味であり，述語 $P(x)$ を用いると「ある x について $P(x)$ が真となる」といいあらわせる．この命題は**存在命題** (existential proposition) と呼ばれ，記号では

$$\exists x P(x)$$

とあらわす．「$\exists x$」は「ある x について」という意味であり，「$\exists$」は**存在記号** (existential quantifier) と呼ばれる．

次の例にも示されるように，全称命題は $\wedge$ により構成される命題に，存在命題は $\vee$ により構成される命題に，それぞれ近い．

例 1.18　$P(x)$ を「A君は x の受講生である」とする．たとえば科目として，数学，物理，化学しかない場合には，$\forall x P(x)$ は，

$$P(数学) \wedge P(物理) \wedge P(化学)$$

にほかならない．一方，$\exists x P(x)$ は，

$$P(数学) \vee P(物理) \vee P(化学)$$

である．

例題 1.19 「方程式 $x^2 = 1$ は解を持つ」という命題を，述語論理式であらわせ．

解答 この命題は「ある x が存在して $x^2 = 1$ である」という意味であるから，$x^2 = 1$ を述語 $P(x)$ と考えて
$$\exists x(x^2 = 1)$$
とあらわすことができる． ∎

ここまでは $P(x)$ のように変数を 1 つだけもつ述語を考えてきたが，一般には複数の変数をもつ述語を考えることができる．たとえば，変数 x および y を用いて「x 君は y の受講生である」という文章がそうである．このような述語は $P(x, y)$ のようにあらわされる．

例題 1.20 A 君，B 君，C 君の 3 人が所属するある学校では，数学，物理，化学の 3 科目の授業がある．「x 君は y の受講生である」を述語 $P(x, y)$ であらわすとき，次の命題を論理の記号を用いてあらわせ．
(1) A 君は数学の受講生である．
(2) 数学の受講生である学生がいる．
(3) すべての学生がすべての授業の受講生である．

解答 それぞれ次のようにあらわすことができる．
(1) $P(\text{A}, 数学)$．
(2) $\exists x P(x, 数学)$．
(3) $\forall x \forall y P(x, y)$． ∎

この例題の (3) の解答だが，これは x, y の順序を入れ替えて $\forall y \forall x P(x, y)$ としても構わない．どちらも「全員が全部の授業の受講生である」という意味になる．このように，両方とも全称記号 (あるいは両方とも存在記号) の場合には，順序を入れ替えても意味は変わらない．それに対し，全称記号と存在記号が混在する場合には注意が必要である．

例 1.21 上記の例題と同じ設定とする．このとき
(1) $\exists x \forall y P(x, y)$，

(2) $\forall y \exists x P(x,y)$

の違いについて考えてみよう.

(1) は,「ある学生はすべての授業の受講生である」という命題である. たとえば A 君が, 数学, 物理, 化学の全科目を受講している, などの状況で真となる. それに対し, (2) は,「すべての授業に対し, ある学生が受講している」といっている. たとえば, 全部を受講している生徒がいなくても (つまり, (1) が真でなくても), すべての科目を, 数学は A 君, 物理は B 君, 化学は C 君と手分けして受講していても, (2) は真なのである.

この例からもわかる通り, $\forall$ や $\exists$ が同時に現れる命題については, その順序が命題の意味を大きく左右する. むやみに順序を交換することは許されないのである.

例題 1.22 述語 $P(x,y)$ が「$x>y$」, すなわち「x は y より大きい」をあらわすとし, 変数 x,y は正の実数をとるものとする. このとき命題 $\forall x \exists y P(x,y)$ と $\exists y \forall x P(x,y)$ のあらわす意味を述べ, 真偽を論ぜよ.

解答 命題 $\forall x \exists y P(x,y)$ は「どのような正の実数 x に対しても, ある正の実数 y が $x>y$ を満たしている」を意味する. これは, たとえば $x=1$ のときには $y=1/2$, $x=1/100$ のときには $y=1/200$ というように, x に対して y をその半分の値にしてやればつねに $x>y$ を成り立たせることができるので, 真の命題である.

一方, 命題 $\exists y \forall x P(x,y)$ は「ある正の実数 y が存在して, すべての正の実数 x に対して $x>y$ である」という命題である. この命題については,「あらゆる正の実数 x よりも小さい正の実数 y」というのは存在しないので, 偽の命題である. なお, 0 は正の数ではないことに注意しよう. ■

述語論理での推論 命題論理での推論と同様, 述語論理でも命題の真偽を決める方法——論理の計算法——が必要である. その基本となるのが推論である. ここで, その代表的なものを紹介しよう.

定理 1.23 述語 $P(x), Q(x)$ に対して，次の式が成り立つ．
- 全称記号の分配法則：$\forall x(P(x) \wedge Q(x)) \Leftrightarrow \forall x P(x) \wedge \forall x Q(x)$．
- 存在記号の分配法則：$\exists x(P(x) \vee Q(x)) \Leftrightarrow \exists x P(x) \vee \exists x Q(x)$．

変数 x の値のとりうる可能性が有限個の場合には，例 1.18 のように $\wedge$ や $\vee$ の形に分解して考えれば成り立つことは示せる．しかし，一般に x の値が無限種類ありえる場合には厳密な証明はできない．定理と書いたが，正確には「規則」とすべきものなのだ．この点については次節でふれる．以下に述べる定理で証明が付いていないものは，すべて同じである．

次は否定について考えよう．例として，「A 君は授業 x の受講生である」をあらわす述語 $P(x)$ を用いる．このとき，
$$\forall x P(x) \Leftrightarrow (\text{A 君は，すべての授業の受講生である})$$
だが，その否定は「A 君は，すべての授業の受講生でない」（どの授業についても受講生ではない）ではなく，
$$\neg(\forall x P(x)) \Leftrightarrow (\lceil \text{A 君は，すべての授業の受講生である} \rfloor \text{ではない})$$
である．これは「どの授業についても受講生ではない」のほかに，「一部の授業についてのみ受講生である」という可能性も含む．つまり「A 君が受講生ではない授業がある」と考えるべきなのだ．そして，この命題を記号を使って表現すれば $\exists x(\neg P(x))$ と，$\exists$ を用いた表現となるのである．

同様に，「A 君はある授業の受講生である」の否定，つまり $\neg(\exists x P(x))$ は「A 君はどの授業についても受講生ではない」となり，これを記号で表現すれば $\forall x(\neg P(x))$ となる．

以上をまとめると次の定理になる．

定理 1.24 述語 $P(x)$ に対して，次の式が成り立つ．
- 全称命題の否定：$\neg(\forall x P(x)) \Leftrightarrow \exists x(\neg P(x))$．
- 存在命題の否定：$\neg(\exists x P(x)) \Leftrightarrow \forall x(\neg P(x))$．

例 1.25 否定に関する上記の定理は，変数 x の値の可能性が有限個の場合には，次のようにド・モルガンの法則から導くことができる．

再び先の「A 君は授業 x の受講生である」をあらわす述語 $P(x)$ で考えよう．授業には，数学，物理，化学の 3 科目しかないものとする．このとき，$\neg(\exists x P(x))$ に対して，次のような同値変形が成り立つのである．

$$\neg(\exists x P(x)) \Leftrightarrow \neg(P(\text{数学}) \lor P(\text{物理}) \lor P(\text{化学}))$$
$$\Leftrightarrow \neg P(\text{数学}) \land \neg P(\text{物理}) \land \neg P(\text{化学}) \quad (\text{ド・モルガンの法則})$$
$$\Leftrightarrow \forall x (\neg P(x)).$$

例題 1.26 「方程式 $\sin x = 2$ は解を持たない」という命題を，$\forall$ を用いてあらわし，その解釈を述べよ．

解答 この命題は「方程式 $\sin x = 2$ は解を持つ」という命題の否定であるから，
$$\neg(\exists x (\sin x = 2))$$
とあらわせる．これを $\forall$ を用いた形にすると
$$\forall x (\sin x \neq 2)$$
となる．これは「すべての x に対して $\sin x$ は 2 と異なる」という命題である．∎

以前に注意したように，$\forall$ と $\exists$ が同時に現れる命題については，その順序が命題の意味を大きく左右するので，むやみに順序を交換することは許されない．しかし，次の推論は成り立つ．

定理 1.27 述語 $P(x, y)$ に対して，次の式が成り立つ．
- 存在記号と全称記号の交換：$\exists x \forall y P(x, y) \Rightarrow \forall y \exists x P(x, y)$．

例 1.28 述語 $P(x, y)$ が「$xy \leq 0$」をあらわすとし，変数 x, y は実数をとるものとする．このとき，命題 $\exists x \forall y P(x, y)$ と命題 $\forall y \exists x P(x, y)$ があらわす意味について考えよう．

先に命題 $\forall y \exists x P(x, y)$ について見てみると，これは「どのような実数 y に対してもある実数 x が $xy \leq 0$ をみたしている」という命題である．つまり，たとえば $y = 1$ のときは $x = -1$，$y = -\sqrt{5}$ のときは $x = \sqrt{5}$ というように，y

に対して x をその符号を変えたもの，つまり $x=-y$ としてやれば $xy\leq 0$ が満たされることがわかる．

一方，命題 $\exists x\forall y P(x,y)$ は，「ある実数 x が存在して，どのような実数 y に対しても $xy\leq 0$ が成り立つ」ということを意味する．実際，$x=0$ としてやれば，どのような実数 y に対しても
$$xy=0\times y=0\leq 0$$
となるので，これは真の命題である．

ところで，先に考えた命題 $\forall y\exists x P(x,y)$ についても，いちいち y をとるごとに x を決め直さなくても，最初から $x=0$ をつねにとることにしておけば命題が成り立つことに気づくだろう．つまり，$\exists x\forall y P(x,y)$ が成り立つときには，そのときに存在する x を y のとり方によらず固定しておくことで $\forall y\exists x P(x,y)$ が真になることを保証できるのである．これが $\exists x\forall y P(x,y)\Rightarrow \forall y\exists x P(x,y)$ という推論が成り立つことの意味である．

1.3 証　　明

数学の「証明」は，絶対に成り立つことを合理的な手順で保証する方法である．では「合理的な手順」とは何だろう？　先に導入した「推論」である．では「絶対に成り立つこと」とは何か？　それは，つねに真となる命題のことである．

例 1.29　命題 P,Q に対して，次の命題はつねに真になる．真偽の表を作れば P,Q の真偽にかかわらず，いつも真になることが確認できるだろう．
(1) $P\vee\neg P$.
(2) $P\to P$.
(3) $(P\vee Q)\vee(\neg P\wedge\neg Q)$.
(4) $(P\to Q)\vee(\neg P\to Q)$.

この例のように，その要素となる素命題の真偽にかかわらず，つねに真になるような命題を **恒真命題** (tautology) という．単純にいえば，数学の「証明」と

は，恒真命題を論理の計算により導く方法である．「そんなに単純なこと?!」と思われるかもしれない．恒真命題というと，上の例のように非常に単純な命題しかないようにも思える．その疑いももっともなことである．実は，究極的には「証明＝論理の計算」であるが，それは，そんなに単純ではないことを少し説明していこう．

仮定と結論　多くの場合，証明したい定理は，仮定と結論から構成されている．たとえば，「三角形の両底角が等しい，ならば，それは二等辺三角形である」という命題では,「両底角が等しい」が仮定であり,「二等辺三角形である」が結論である．こうした仮定や結論は，それ自身命題である．それに対し，証明したい命題は「両底角が等しい → 二等辺三角形である」なのである．つまり，この → の論理関係が，つねに真であることを示したいのである．

ただし通常の数学の「証明」では，「仮定 → 結論」の恒真性を直接議論しない．仮定から結論を導き出すこと，つまり論理の計算によって「仮定 ⇒ 結論」を示すことが通常の証明である．これは，これまでに何度か述べたように「仮定 → 結論が恒真」と「仮定 ⇒ 結論が成り立つ」が同値だからである．その意味で，たとえば「三角形の両底角が等しい，ならば，それは二等辺三角形である」のような定理の文における「ならば」を ⇒ と見なしてもよい．つねに成り立つことが保証できる (保証しなくてはならない) からである．

例 1.30　A 君が通う学校では，授業は数学，物理，化学の 3 つからなり，授業の受講に関して次のような規則がある．
 (1) 少なくとも 2 つの授業を受講しなければならない．
 (2) 物理と化学の授業についてはどちらか 1 つしか受講できない．
この規則のもとでは，A 君は必ず数学の受講生であるということが導ける．これを論理的に示すことを考えよう．

授業は数学，物理，化学の 3 つなので「数学の受講生である」という命題を P_m,「物理の受講生である」という命題を P_p,「化学の受講生である」という命題を P_c とそれぞれあらわすことにする．3 つの授業から 2 つの授業を選ぶやり方は 3 通りであることから，(1) の条件は $P_m \land P_p$, $P_m \land P_c$, $P_p \land P_c$ の少なくとも 1 つが成り立っていること，すなわち，次のように定義される命題 A_1

$$A_1 \Leftrightarrow (P_m \wedge P_p) \vee (P_m \wedge P_c) \vee (P_p \wedge P_c)$$

であらわされる．また，(2) は同時に物理と化学の受講生になることができないことをあらわしているので，次のように定義される命題 A_2

$$A_2 \Leftrightarrow \neg(P_p \wedge P_c)$$

であらわされる．この両者が真であることが，条件 (1)，(2) が成り立つことである．一方，A 君が数学の受講生であることは，P_m が真であることにほかならない．したがって，我々の目標は

$$A_1 \wedge A_2 \to P_m$$

が真 (正確には，恒真) であることを示すことである．この場面では，$A_1 \wedge A_2$ が仮定，P_m が結論である．

これを真偽の表を使って証明することもできる．けれども，ここでは別の方法を用いてみよう．$A_1 \wedge A_2 \to P_m$ の恒真性を示すには，$A_1 \wedge A_2$ が真のときに，必ず P_m が真となることを示せばよい ($A_1 \wedge A_2$ が偽のときは，P_m の真偽にかかわらず，$A_1 \wedge A_2 \to P_m$ は真である)．つまり，$A_1 \wedge A_2 \Rightarrow P_m$ を示せばよいのである．そこで以下では，これを目標としよう．

$(P_m \wedge P_p) \vee (P_m \wedge P_c)$ を Q とあらわし，$P_p \wedge P_c$ を R とあらわすと，$A_1 \Leftrightarrow Q \vee R$，$A_2 \Leftrightarrow \neg R$ であるから，

$$
\begin{aligned}
A_1 \wedge A_2 &\Leftrightarrow (Q \vee R) \wedge (\neg R) & &\text{(定義より)} \\
&\Leftrightarrow (\neg R) \wedge (Q \vee R) & &\text{($\wedge$ の交換法則)} \\
&\Leftrightarrow (\neg R \wedge Q) \vee (\neg R \wedge R) & &\text{(分配法則)} \\
&\Leftrightarrow \neg R \wedge Q & &\text{(例題 1.14)} \\
&\Rightarrow Q & &\text{(定理 1.15)}
\end{aligned}
$$

となる．さらに各法則を用いた論理の計算により

$$
\begin{aligned}
Q &\Leftrightarrow (P_m \wedge P_p) \vee (P_m \wedge P_c) & &\text{(定義より)} \\
&\Leftrightarrow P_m \wedge (P_p \vee P_c) & &\text{(分配法則)} \\
&\Rightarrow P_m. & &\text{(定理 1.15)}
\end{aligned}
$$

したがって，$A_1 \wedge A_2 \Rightarrow P_m$ となる．よって，$A_1 \wedge A_2 \to P_m$ は真である．

この例でも P_m を導くときに，命題 Q と R を補助的に定義した．このよう

に，実際に証明したい結論とは (関係がなさそうに見える) 別の命題を補助的に定義することで，論理がうまくつながることが多い．高度な数学になればなるほど，この「補助線的な命題」が重要となる．そうした命題を発見することが難しい定理の証明の鍵となるのである．しかも，通常は1つの命題ではなく，数百，数千の命題群が必要で，それらは全体で◯◯理論などと呼ばれるようになる．数学の難しさ，そしておもしろさは，こうした命題群の発見にあるといえるだろう．

より複雑な論法　実際の証明では，論理的に複雑な議論が必要なことがある．たとえば，$P \Rightarrow Q$ を証明する．そこで一区切りつけて，一方，$Q \Rightarrow R$ も成り立つことをいう．そして，両者から $P \Rightarrow R$ を導く，という論法がある．つまり

$$P \Rightarrow Q \quad \text{であり} \quad Q \Rightarrow R \quad \text{よって} \quad P \Rightarrow R$$

という論法である．これは**三段論法** (syllogism) と呼ばれている．

この論法の妥当性は，たとえば，次のように → に置き換えた同様な命題が，つねに真であることからわかるだろう (なお，この定理の証明は章末問題とする)．

定理 1.31　命題 P, Q, R に対し，次の命題が成り立つ．

$$((P \to Q) \land (Q \to R)) \to (P \to R).$$

このほかにも，たとえば

$$P \Rightarrow Q \quad \text{であり} \quad P \Rightarrow R \quad \text{よって} \quad P \Rightarrow Q \land R$$

のような論法や，

$$P \Rightarrow R \quad \text{であり} \quad Q \Rightarrow R \quad \text{よって} \quad P \lor Q \Rightarrow R$$

のような論法が欲しくなる場合があるだろう．これらは上記のように，対応する命題が恒真であれば使っても構わない．

本書では，これらもとくに証明なしで使うことにする．さらに高度な論法については第4章で，あらためて紹介する．

述語論理でも少し違った論法が必要になる場合がある．いくつかの例で考えてみよう．

例題 1.32　$P(x), Q(x)$ をそれぞれ述語とするとき

$$\forall x(P(x) \wedge Q(x) \to Q(x))$$

を証明せよ．

解答 任意に a を固定し，命題 $P(a) \wedge Q(a) \to Q(a)$ の真偽を考える．ここから先は命題論理の証明と同じである．たとえば，真偽の表を使って $P(a) \wedge Q(a) \to Q(a)$ が，つねに真であることが示せる．任意に固定された a に対して $P(a) \wedge Q(a) \to Q(a)$ が真なので

$$\forall x(P(x) \wedge Q(x) \to Q(x))$$

である． ∎

　実は，上記の論法は，これまでに出てこなかったものである．つまり，任意の a を考え，それに対して「$P(a)$ が真」を示すことで，$\forall x P(x)$ を導く方法である．一般的には，その逆も含めて

$$(\text{任意の } a \text{ で } P(a) \text{ が真}) \Leftrightarrow \forall x P(x)$$

という行き来を用いる方法である．右から左の使い方は，「$\forall x P(x)$ が成り立てば『好きな』a を x に代入できる」という推論である．これを「全称記号 $\forall$ の意味による推論」と呼ぶことにしよう．

　同様に

$$(P(a) \text{ が真となる } a \text{ が存在する}) \Leftrightarrow \exists x P(x)$$

という行き来を「存在記号 $\exists$ の意味による推論」と呼んで用いることにする．ここでの右から左は，「$\exists x P(x)$ が成り立てば，そのような x に「新たに」a という名前を付けてもよい」という使い方である．この「新たに」の意味については，次の定理のあとで説明しよう．

定理 1.33 $P(x), Q(x)$ をそれぞれ述語とするとき，任意の a に対して，次が成り立つ．

$$(P(a) \wedge \forall x(P(x) \to Q(x))) \to Q(a).$$

証明 まず，

$$P(a) \wedge \forall x(P(x) \to Q(x)) \Rightarrow \forall x(P(x) \to Q(x)) \qquad (\text{定理 1.15})$$

$$\Rightarrow P(a) \to Q(a) \qquad (\forall \text{の意味})$$

が導ける．一方，定理 1.15 から

$$P(a) \wedge \forall x(P(x) \to Q(x)) \Rightarrow P(a).$$

よって (同じ仮定から 2 つが得られたので)

$$P(a) \wedge (P(a) \to Q(a))$$

が導ける．さらに，例題 1.16 より

$$P(a) \wedge (P(a) \to Q(a)) \Rightarrow Q(a).$$

つまり，

$$P(a) \wedge \forall x(P(x) \to Q(x)) \Rightarrow P(a) \wedge (P(a) \to Q(a)) \quad \text{かつ}$$
$$P(a) \wedge (P(a) \to Q(a)) \Rightarrow Q(a)$$

が成り立つ．よって (三段論法より) $Q(a)$ が導ける． □

この定理が証明されたことにより，$P(a) \wedge \forall x(P(x) \to Q(x)) \Rightarrow Q(a)$ という推論が使えることになる．なお，この推論は全称命題と組み合わせる場合にのみ可能である．たとえば，$P(a) \wedge \exists x(P(x) \to Q(x))$ から $Q(a)$ は導けない．$\exists x(P(x) \to Q(x))$ から，$P(b) \to Q(b)$ となる b の存在は仮定できるが，その b が a である保証はないからである．すでに登場している a ではなく，「新たに」b という名前を使わなければならないのは，このような混同を避けるためだったのである．

例題 1.34 $P(x)$ を述語とし，Q を命題とするとき，任意の b に対して，

$$(P(b) \wedge (\exists x P(x) \to Q)) \to Q$$

が成り立つことを示せ．

解答 まず，

$$P(b) \wedge (\exists x P(x) \to Q) \Rightarrow P(b) \qquad (\text{定理 1.15})$$
$$\Rightarrow \exists x P(x) \qquad (\exists \text{の意味})$$

が導ける．一方，定理 1.15 から

$$P(b) \wedge (\exists x P(x) \to Q) \Rightarrow \exists x P(x) \to Q$$

となり,同じ仮定から 2 つが導かれたので,
$$\exists x P(x) \land (\exists x P(x) \to Q)$$
が導ける.よって例題 1.16 より
$$\exists x P(x) \land (\exists x P(x) \to Q) \Rightarrow Q$$
となり,Q が導けた. ∎

例 1.35 たとえば,命題論理において
$$Q \land R \Rightarrow Q$$
が成り立つことから,
$$\forall x (Q(x) \land R(x)) \Rightarrow \forall x Q(x),$$
$$\exists x (Q(x) \land R(x)) \Rightarrow \exists x Q(x)$$
は明らかに成り立つように思える.これも厳密には,全称記号の意味および存在記号の意味による推論で導く.たとえば,

$\forall x (Q(x) \land R(x)) \Rightarrow Q(a) \land R(a)$ (∀ の意味.ただし,a は任意)

$\Rightarrow Q(a)$ (定理 1.15)

$\Rightarrow \forall x Q(x)$ (∀ の意味)

のように導ける.

より一般的な場合でも,全称記号や存在記号を付けたまま,その内側の論理式での推論によって論理式を変形させていくことが可能である.以下の章では,このような全称記号や存在記号付きの論理の計算もしばしば用いることにする.

公理 たとえば $\exists x (x+3=4)$ は成り立つ.真の命題といってもよいだろう.しかし,論理の計算を使うだけでは,この命題は導けない.この命題の証明には,和 + の計算に対する「常識」あるいは「暗黙の規則」が必要なのである.

このように数学では,その前提として「真であると見なす」としているものがある.その前提を**公理** (axiom) という.公理は通常,その数学で対象としている「もの」に対して,成り立つと思うべきだが証明することができない性質をあらわした命題の集まりである.「もの」の定義に近い場合もある.たとえば,自然数の公理をあらわす命題が $A_1, \ldots, A_k$ だったとすると,先の命題は

1.3 証明

$$A_1 \wedge A_2 \wedge \cdots \wedge A_k \Rightarrow \exists x(x+3=4)$$

のように導かれるのである.

公理を前提とした場合に，通常の「仮定 → 結論」を導く証明はどのように変わるだろうか？　たとえば

$$A_1 \wedge A_2 \wedge \cdots \wedge A_k \Rightarrow (P \rightarrow Q)$$

の議論の方法である．これには

$$A_1 \wedge A_2 \wedge \cdots \wedge A_k \rightarrow (P \rightarrow Q)$$

が，つねに真であることを示せばよい．ところが，これは

$$((A_1 \wedge A_2 \wedge \cdots \wedge A_k) \wedge P) \rightarrow Q$$

と同値である (例題 1.13)．したがって，結局

$$A_1 \wedge A_2 \wedge \cdots \wedge A_k \wedge P \Rightarrow Q$$

を示せればよい．つまり，公理をあらわす命題群に，さらに仮定 P も付け加えて，そこから結論 Q を導けばよいのである．

対象となる「もの」が異なると，公理も異なる．たとえば，自然数に対する公理と整数に対する公理は異なる．そのため，たとえば $\exists x(x+3=4)$ は，自然数を考えていても，整数を考えていても真だが，$\exists x(x+3=1)$ は自然数上では真ではない．自然数の公理からは導けないのである．

ある対象となる「もの」に対して公理をあらわす命題群を決めるとき，真と思われる性質をどんどん「常識」として入れてしまうと，その「もの」の意味が不明確になっていってしまう．そこで数学では，常識と思われている性質を厳密に吟味し，「ぎりぎりこれだけの性質は仮定しなければならない．そうでなければ「もの」としての意味をなさない」というところまで仮定する命題を削って公理となる命題群を決める．ユークリッドの「平面図形に対する5つの公理」というのを聞いたことがあるかもしれない．これは，平面図形に対しての議論の出発点となる命題を絞りに絞って，この5つだけは真と認めましょう，としたもの[1] である．

本書では，公理についてはとくにくわしく議論しない．本書の以下の説明で

---

[1] ただし，ユークリッドの当時には，この章で議論したような「論理の計算」が厳密には意識されていなかったので，一般にいわれるユークリッドの公理は，我々の「論理の計算」と一緒に使う形にはなっていない．

は，主に整数 (ほとんどの場合は自然数) に関して成り立つことは，とくに断りなく使うことにしよう．つまり，整数と整数上の演算に関する公理を仮定して議論する．

推論規則　数学における公理が「成り立つと思うべきだが証明することができない性質をあらわした命題の集まり」であったのと同様に，ここまでで扱ってきた「推論」についても「成り立つと思うべきだが証明することができない推論の規則の集まり」がある．

たとえば，定理 1.23 で，$\forall x(P(x) \wedge Q(x)) \Leftrightarrow \forall x P(x) \wedge \forall x Q(x)$ が成り立つ，と述べたが，これはつねに真であることは確かめられないけれども「成り立つ」と思って議論しましょう，ということで導入した規則である．つまり推論における「公理」のようなものである．

推論に関するこのような規則は**推論規則** (inference rule) と呼ばれる．「真偽の表を使っての証明の妥当性」までさかのぼるとすれば，この章で登場した定理はすべて推論規則といってもよい．数理論理学では，推論規則に対しても公理と同様に，できるだけ規則の数を少なくして規則群を定めるという研究手法がとられるが，本書ではそこまでは議論しないことにする．

公理と推論規則をあわせて**公理系** (axiom system) という．公理系を一つ定めれば，公理を出発点として，推論規則を次々に適用することで様々な命題が得られる．数学のあらゆる理論はこのようにして展開されるのである．

数学における表現　これまで見てきたように，数学における定理や証明は，対応する論理式や推論によって表現することができ，それらは論理の記号を用いて記述されていた．論理の記号は命題のあらわす意味を正確に表現するために用いられるものであるが，時として厳密さとひきかえに人間が見たときの「わかりやすさ」を失ってしまうことがある．このため，実際の記法ではよりわかりやすくするために記号を補ったり記号の順序を変更したりすることがある．ただし，多くの場合，それらの記法は現在の共通語である英語に由来している．以下にその例を示そう．

例 1.36　論理式
$$\exists x(x+3=4)$$

は，しばしば

$$\exists x \quad \text{s. t.} \quad x+3=4$$

と書きあらわされる．ここで s. t. は such that の略である．この論理式は「x に 3 を加えると 4 になる x が存在する」という命題をあらわしているが，これを英語であらわすと

There exists x such that x plus 3 is 4.

となり，such that を入れることでよってよりスムーズに英語として読めるようになることがわかる．

一方，命題

$$\forall x(x+0=x)$$

は「すべての x に対して x に 0 を加えると x になる」ということをあらわしているが，これはしばしば

$$x+0=x \quad (\forall x)$$

と書きあらわされる．これは英語では次の文章に対応する．

x plus 0 is x for all x.

この例で示した記法を使用する際には，命題のあらわす意味が意図に反して変化したりしないように十分注意する必要がある．たとえば，命題 $\forall x \exists y(x<y)$ を書きあらわすときに

$$\forall x \exists y \quad \text{s. t.} \quad x<y$$

とすることは許されるが，

$$\exists y \quad \text{s. t.} \quad x<y \quad (\forall x)$$

は許されない．この表記は，もとのものとは違う命題である $\exists y \forall x(x<y)$ と混同するおそれがあるからである．

また，$\forall x \forall y P(x,y)$ や $\exists x \exists y Q(x,y)$ のような形の命題については，それぞれ省略して

$$\forall x, y\ P(x, y), \quad \exists x, y\ Q(x, y)$$

のように書きあらわすこともある．なお，$\forall x \exists y P(x, y)$ のような命題は，見やすさのためにカンマを入れて，

$$\forall x, \exists y P(x, y)$$

と書く場合もある．

1.4 集　　合

　集合とは「もの」の集まりである．集合は数学において最も基礎的な概念であり，集合に関する記号は，数学において最もよく使われる記号といえるだろう．中学や高校でも，集合と集合に関する記号の意味や使い方については一通り学んだと思う．しかし，ここでは先に学んだ論理の記号や論理の計算を用いて，もっと厳密に，あるいは，もっと統一的に議論する方法を紹介しよう．

　集合の表現　　一般にものの集まりを**集合** (set) という．たとえば，数学，物理，化学の3つの授業の集まりは集合と考えられる．より厳密には，「集合として扱うと矛盾が生じるような極端な集まり」を排除しなければならないが，ここでは触れないことにする (Coffee Break #1 参照)．
　数学，物理，化学の3つの授業からなる集合を S とするとき，S は「{」「}」「,」の3つの記号を用いて

$$S = \{\text{数学}, \text{物理}, \text{化学}\}$$

とあらわされる．より「数学的」な例として，0以上9以下の偶数の集合 E は

$$E = \{0, 2, 4, 6, 8\}$$

とあらわすことができるが，これについてはさらに

$$E = \{x \mid x \text{ は 0 以上 9 以下の偶数}\}$$

のように，その集合を決定するための述語 $P(x)$ を用いて $\{x \mid P(x)\}$ のようにあらわすこともできる．集合 $\{x \mid P(x)\}$ は「$P(x)$ が真になるようなすべての x からなる集合」である．上の例で $P(x)$ は「x は 0 以上 9 以下の偶数である」に相当する．なお，$P(x)$ が $P_1(x) \wedge P_2(x) \wedge \cdots \wedge P_n(x)$ という形をしているときは，

$$\{x \mid P(x)\} = \{x \mid P_1(x), P_2(x), \ldots, P_n(x)\}$$
のように「∧」のかわりに「,」を用いる場合もある．

例 1.37 集合 $E = \{0, 2, 4, 6, 8\}$ を述語を用いてあらわしてみよう．先に述べた方法でもよいが，さらに基本的な述語を使ってあらわすと
$$E = \{x \mid (0 \leq x) \land (x \leq 9) \land (x \bmod 2 = 0)\}$$
$$= \{x \mid 0 \leq x,\ x \leq 9,\ x \bmod 2 = 0\}$$
と書ける．ただし，$x \bmod 2$ は x を 2 で割った余りを求める計算である．一方，要素をすべて並べる方法を述語であらわした場合には，
$$E = \{x \mid (x = 0) \lor (x = 2) \lor (x = 4) \lor (x = 6) \lor (x = 8)\}$$
となる．これは ∨ を省略して $E = \{x \mid x = 0, x = 2, x = 4, x = 6, x = 8\}$ とは書けないので注意しよう．

集合 $E = \{0, 2, 4, 6, 8\}$ において，2 という数は E を構成するものの 1 つになっている．このようなとき，2 は集合 E に属するといい，2 は E の**要素** (element) とよばれる．一般に e が集合 S の要素であることを
$$e \in S \quad \text{あるいは} \quad S \ni e$$
とあらわす．また，これらの否定，つまり e は S に属さないことは
$$e \notin S \quad \text{あるいは} \quad S \not\ni e$$
とあらわす．論理の記号を用いて厳密にいえば，$S = \{x \mid P(x)\}$ のとき，
$$e \in S \Leftrightarrow P(e)$$
$$e \notin S \Leftrightarrow \neg P(e)$$
が $e \in S, e \notin S$ の定義である．

例題 1.38 $S = \{1, 2\}$ のとき $0 \notin S$ を厳密に示せ．

解答 厳密に示すために，まず集合 S を述語を用いてあらわすと
$$S = \{x \mid (x = 1) \lor (x = 2)\}$$
となる．そこで，この条件の述語を $P(x)$ とあらわすと，定義と論理の計算から，

$$0 \notin S \Leftrightarrow \neg P(0) \qquad (\in \text{の定義})$$
$$\Leftrightarrow \neg((0=1) \vee (0=2))$$
$$\Leftrightarrow \neg(0=1) \wedge \neg(0=2) \qquad (\text{ド・モルガンの法則})$$
$$\Leftrightarrow 0 \neq 1 \wedge 0 \neq 2$$

となる．一方，自然数の性質から，$0 \neq 1 \wedge 0 \neq 2$ は真となるので $0 \notin S$ は真である．別の言い方をすれば，自然数の公理から $0 \neq 1 \wedge 0 \neq 2$ が導かれるので，上の論理の計算を逆にたどれば $0 \notin S$ が示されるのである． ■

もちろん，この例題で示したような証明をいちいちおこなっていたのでは大変だ．そのため，通常はこれほど細かな議論はおこなわない．しかし，議論にどこか不明な点がある場合や，どうやって証明したらよいか，その出発点が見つからない場合には，このように定義に基づいて論理の計算で考えると，手がかりがつかめることが多い．身につけておけば，どこかで必ず役に立つ論法である．しばらくの間，この厳密な証明を練習していこう．

例 1.39 述語 $P(x)$ を「A 君は x の受講生である」とするとき，$\forall x P(x)$ は「A 君はすべての授業の受講生である」という命題を意味することを習った．しかし，この命題において「すべての授業」とはいったいどの範囲をさすのだろう．x として，何を想定すればよいのだろうか．

集合に関する記号を用いると，この点を明確にあらわすことができる．すなわち，「授業は数学，物理，化学の 3 つからなる」ということもあわせて 1 つの論理式であらわすことができるのだ．

具体的には，集合 $S = \{\,$数学, 物理, 化学$\,\}$ を用いて，
$$\forall x((x \in S) \to P(x))$$
とあらわす．直感的には，論理記号 $\to$ の真偽を考える際には，その左辺 (ここでは $x \in S$) が真のときのみを考えればよかった．つまり，x には何が来るかわからないが，本質的には $x \in S$ の場合だけ，$P(x)$ が成り立つかを考えればよいのである．この例では，x が，数学，物理，化学のいずれかの場合にのみ，A 君が受講生か否かを議論すればよい．つまり，「A 君は数学，物理，化学の授業すべてに出席する」という命題をあらわしているのである．

この記法は，より簡単に
$$\forall x \in S(P(x))$$
とあらわすことにする．意味は同じだが，x の範囲を S に限定したように見える書き方である．

なお，論理式の中では，$(x \in S) \to P(x)$ ではなく，$x \in S \to P(x)$ のように，集合の命題に対する括弧は省略して書くことにする．

一方，$\exists x \in S(P(x))$ は
$$\exists x(x \in S \land P(x))$$
と同じ意味をあらわすものとする．直感的に考えると，$\exists x \in S(P(x))$ が「集合 S の要素 e で $P(e)$ を満たすものが存在する」という意味にしたいのだからこの定義は自然だが，$\forall x \in S(P(x))$ の場合と形が異なり統一がとれてないようにも思える．しかし，次の定理を見ればこれらの定義には整合性があるということが納得できるだろう．

定理 1.40 集合 S と述語 $P(x)$ に対して次が成り立つ．
$$\neg(\exists x \in S(P(x))) \Leftrightarrow \forall x \in S(\neg P(x)),$$
$$\neg(\forall x \in S(P(x))) \Leftrightarrow \exists x \in S(\neg P(x)).$$

証明 各記号の定義に基づいて論理の計算をする．
$$\begin{aligned}
\neg(\exists x \in S(P(x))) &\Leftrightarrow \neg(\exists x(x \in S \land P(x))) \\
&\Leftrightarrow \forall x \neg(x \in S \land P(x)) \quad &&\text{(定理 1.24)} \\
&\Leftrightarrow \forall x(\neg(x \in S) \lor \neg P(x)) \quad &&\text{(ド・モルガンの法則)} \\
&\Leftrightarrow \forall x(x \in S \to \neg P(x)) \quad &&\text{(定理 1.11)} \\
&\Leftrightarrow \forall x \in S(\neg P(x)).
\end{aligned}$$
2 つめの式も同様である． □

包含関係 集合 D を $D = \{x \mid x \text{ は } 0 \text{ 以上 } 9 \text{ 以下の整数}\}$ と定義しよう．別の表現であらわすと $D = \{0, 1, 2, 3, 4, 5, 6, 7, 8, 9\}$ である．このとき，集合

D と集合 $E = \{0, 2, 4, 6, 8\}$ との間には明確な関係があることに気づくだろう．つまり，集合 E の要素はすべて集合 D の要素になっているという関係である．このような関係が成り立つとき，集合 E は集合 D に含まれるといい，

$$E \subset D \quad \text{あるいは} \quad D \supset E$$

とあらわす．また，E は D の**部分集合** (subset) であるともいう．論理式でいえば，$E \subset D$ は，$\forall x(x \in E \to x \in D)$ と定義される．

一般に，2 つの集合 S, T が述語 $P(x), Q(x)$ を用いてそれぞれ

$$S = \{x \mid P(x)\}, \quad T = \{x \mid Q(x)\}$$

とあらわされるとすると，命題 $\forall x(P(x) \to Q(x))$ は $\forall x(x \in S \to x \in T)$ と同じ意味であるから，この命題が $S \subset T$ あるいは $T \supset S$ であらわされると考えてもよい．また，集合 S が集合 T の部分集合であることを明示する必要がある場合には

$$S = \{x \in T \mid P(x)\}$$

のようにあらわすことも多い．

例 1.41 先の集合 D, E は，それぞれ次のように定義できる．

$$D = \{x \mid x \text{ は } 0 \text{ 以上 } 9 \text{ 以下の整数}\},$$
$$E = \{x \mid x \text{ は } 0 \text{ 以上 } 9 \text{ 以下の偶数}\}.$$

この 2 つの包含関係を厳密に議論してみよう．

まず，D, E の定義に使われる述語を，次のように，もっと小さな命題の式に分解する．

$$D = \{x \mid (x \text{ は整数}) \land (0 \leq x \leq 9)\},$$
$$E = \{x \mid (x \text{ は整数}) \land (x \text{ は } 2 \text{ の倍数}) \land (0 \leq x \leq 9)\}.$$

$E \subset D$ を示すためには，$\subset$ の定義から，$\forall x(x \in E \to x \in D)$ が真となることを示せばよい．そこで任意の e を考え，次の論理の計算をおこなう．

$$e \in E \Rightarrow (e \text{ は整数}) \land (e \text{ は } 2 \text{ の倍数}) \land (0 \leq e \leq 9) \quad (\in \text{の定義})$$
$$\Rightarrow (e \text{ は整数}) \land (0 \leq e \leq 9) \quad (\text{定理 1.15})$$
$$\Rightarrow e \in D. \quad (\in \text{の定義})$$

以上から $e \in E \to e \in D$ は真．よって，$\forall x(x \in E \to x \in D)$ が真，すなわち $E \subset D$ が示された．

2つの集合 S, T が互いにまったく同じ要素からなるとき，集合 S と集合 T は等しいといい $S = T$ とあらわす．厳密には，$S \subset T$ かつ $T \subset S$ を $S = T$ の定義と考えよう．つまり，$S = T$ であるということは，S の要素は必ず T の要素でもあり，かつその逆も成り立つということ，と考えるのである．なお，集合 S, T に対し，$S \subset T$ は $S = T$ の場合も含んでいることに注意しよう．$S \subset T$ かつ $S \neq T$ であるとき，S は T の**真部分集合** (proper subset) といい $S \subsetneq T$ であらわす．

例 1.42 集合では $\{1, 2\}$ も $\{1, 1, 2\}$ も同一視される．実際に $S = \{1, 2\}$, $T = \{1, 1, 2\}$ として，$S = T$ となることを示そう．このように，少し直感と違うときや心配なときには，定義に戻って厳密に証明するのがよい．そこで定義にもどり，$S \subset T$ かつ $T \subset S$ が成り立つことを示す．各集合は

$$S = \{x \mid (x = 1) \lor (x = 2)\},$$
$$T = \{x \mid (x = 1) \lor (x = 1) \lor (x = 2)\}$$

とあらわせるので，任意の e を考え，論理の計算をおこなうと

$$e \in S \Rightarrow (e = 1) \lor (e = 2) \qquad (\in \text{の定義})$$
$$\Rightarrow (e = 1) \lor (e = 1) \lor (e = 2) \qquad (\lor \text{の冪等法則})$$
$$\Rightarrow e \in T \qquad (\in \text{の定義})$$

より $\forall x(x \in S \to x \in T)$，すなわち $S \subset T$ である．逆に任意の f を考え，論理の計算をおこなうと

$$f \in T \Rightarrow (f = 1) \lor (f = 1) \lor (f = 2) \qquad (\in \text{の定義})$$
$$\Rightarrow (f = 1) \lor (f = 2) \qquad (\lor \text{の冪等法則})$$
$$\Rightarrow f \in S \qquad (\in \text{の定義})$$

より $\forall x(x \in T \to x \in S)$，すなわち $T \subset S$ である．したがって $S = T$ が示された．

一般に，集合を議論するときには，要素が含まれるか否かが重要であり，重

複して含まれているか，何回含まれるか，などは無視されるのである*2)．

例 1.43 例 1.41 では，D, E の定義を
$$D = \{x \mid x \text{ は } 0 \text{ 以上 } 9 \text{ 以下の整数}\},$$
$$E = \{x \mid x \text{ は } 0 \text{ 以上 } 9 \text{ 以下の偶数}\}$$
から
$$D = \{x \mid (x \text{ は整数}) \wedge (0 \leq x \leq 9)\},$$
$$E = \{x \mid (x \text{ は整数}) \wedge (x \text{ は 2 の倍数}) \wedge (0 \leq x \leq 9)\}$$
に置き換えたが，厳密には両者が等しいことを示さなければならない．たとえば，最初の定義による集合 D を D'，次の定義によるものを D'' としたとき，$D' = D''$，つまり
$$\forall x(x \in D' \to x \in D'') \wedge \forall x(x \in D'' \to x \in D')$$
を示さねばならなかったのである．

ここで，この命題は
$$\forall x((x \in D' \to x \in D'') \wedge (x \in D'' \to x \in D'))$$
と同値である (全称記号の分配法則)．したがって，この命題を示すには，D', D'' の条件をあらわす述語をそれぞれ $P'(x), P''(x)$ とすると，任意の e に対し
$$P'(e) \Leftrightarrow P''(e)$$
を示せばよいことになる．つまり，それぞれの集合を定義付ける条件式が同値であることを示せばよいのである．

一般に，同値な命題を使って
$$A = \{x \mid P(x)\} = \{x \mid Q(x)\} = \cdots$$
のように集合を言い換えることの妥当性は，厳密にはこのように保証できるのである．

共通部分と合併 2 つの正の整数 m と n に対して，m が n の約数であるとは，n が m で割り切れることである．たとえば，12 の約数の集合を D_{12} とあ

[*2)] 重複まで考えたい場合のために，**多重集合** (multiset) という概念もあるが，本書ではふれないことにする．

らわすと，
$$D_{12} = \{1, 2, 3, 4, 6, 12\}$$
となる．また，正の整数 m が 2 つの正の整数 k と l に対して両方の約数となっているとき，m は k と l の公約数であるという．16 の約数の集合を $D_{16} = \{1, 2, 4, 8, 16\}$ とあらわすとき，12 と 16 の公約数の集合 C は
$$C = \{x \mid x \text{ は } 12 \text{ と } 16 \text{ の公約数である } \} = \{1, 2, 4\}$$
となる．公約数の定義からわかる通り，C は D_{12} の要素を決定するための述語「x は 12 の約数である」と D_{16} の要素であるための述語「x は 16 の約数である」を用いて，
$$C = \{x \mid x \text{ は } 12 \text{ の約数であり，かつ } 16 \text{ の約数である } \}$$
とあらわせる．

一般に集合 A と集合 B に対し
$$C = \{x \mid x \in A \wedge x \in B\}$$
と定義される集合を，A と B の**共通部分** (intersection) といい，$A \cap B$ とあらわす．$A \cap B$ は積集合とも呼ばれている．なお，記号 $\cap$ は「キャップ」と読む．ちなみに，前の例では $C = \{1, 2, 4\} = D_{12} \cap D_{16}$ が成り立つ．

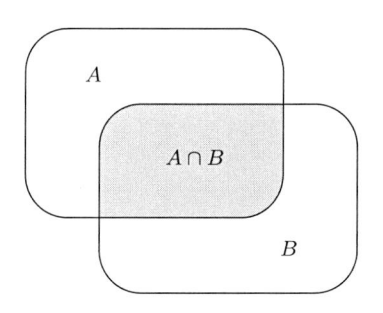

図 1.1　集合の共通部分

例題 1.44　集合 S に対し，$S = S \cap S$ が成り立つことを示せ．

解答　$S \subset S \cap S$ および $S \supset S \cap S$ を示せばよい．まず $S \subset S \cap S$ を示すた

めに,任意の $e \in S$ を考え,次の論理の計算をおこなう.

$$e \in S \Rightarrow e \in S \wedge e \in S \quad (\wedge \text{の冪等法則})$$
$$\Rightarrow e \in S \cap S. \quad (\cap \text{の定義})$$

これで $e \in S$ から $e \in S \cap S$ が導けたので,$\forall x(x \in S \to x \in S \cap S)$,すなわち,$S \subset S \cap S$ である.一方,任意の $f \in S \cap S$ を考え,次の論理の計算をおこなうと

$$f \in S \cap S \Rightarrow f \in S \wedge f \in S \quad (\cap \text{の定義})$$
$$\Rightarrow f \in S \quad (\wedge \text{の冪等法則})$$

となり,$f \in S \cap S$ から $f \in S$ が導けたので $S \supset S \cap S$ が成り立つ.以上より $S = S \cap S$ が成り立つことが示された. ■

2つの集合の共通部分が $\wedge$ の記号を用いて定義されるのと同様にして,$\vee$ の記号を用いて新たな集合が定義できる.すなわち,集合 A と集合 B に対し,

$$D = \{x \mid x \in A \vee x \in B\}$$

集合 D を A と B の**合併** (union) といい,$A \cup B$ とあらわす.$A \cup B$ は和集合とも呼ばれている.記号 $\cup$ は「カップ」と読む.

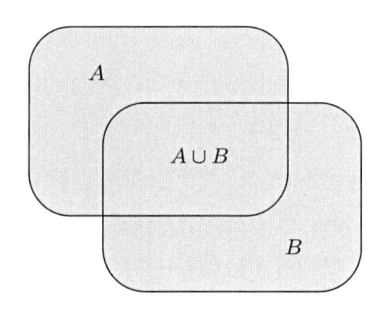

図 1.2　集合の合併

例題 1.45　2つの集合 $D_{12} = \{1, 2, 3, 4, 6, 12\}$ と $D_{16} = \{1, 2, 4, 8, 16\}$ に対し,$D_{12} \cup D_{16}$ を求めよ.

解答 合併はそれぞれの集合を決定する命題の選言を用いて定義されているから，$D_{12} \cup D_{16}$ は「x は 12 の約数であるかまたは 16 の約数である」という述語を真にする x の全体となる．したがって，

$$D_{12} \cup D_{16} = \{x \mid x \text{ は 12 の約数であるかまたは 16 の約数である }\}$$
$$= \{1, 2, 3, 4, 6, 8, 12, 16\}$$

となる． ∎

次に，16 の約数ではあるが 12 の約数ではない数の集合 T を考えよう．$T = \{8, 16\}$ であることはすぐにわかる．一方，この集合は上の例題で用いた D_{12} と D_{16} を用いて $T = \{x \mid x \in D_{16} \wedge x \notin D_{12}\}$ とあらわせる．一般に，集合 A と集合 B に対し，集合 $\{x \mid x \in A \wedge x \notin B\}$ を A と B の**差** (difference) といい $A \setminus B$ であらわす．

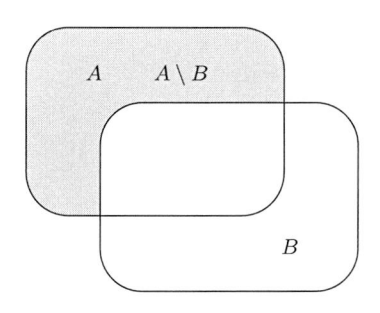

図 1.3 集合の差

例題 1.46 集合 A, B に対し $A \setminus B \subset A$ が成り立つことを証明せよ．

証明 包含関係の定義より，任意の $e \in A \setminus B$ を考え，$e \in A$ を導けばよいので，

$$e \in A \setminus B \Rightarrow e \in A \wedge e \notin B \qquad (\setminus \text{の定義})$$
$$\Rightarrow e \in A \qquad (\text{定理 1.15})$$

となり，$A \setminus B \subset A$ が成り立つことが示された． □

自然数の全体 $\{0, 1, 2, 3, \dots\}$ を考える．本書ではこのように 0 を自然数として扱うが，0 を自然数としない流儀もあることに注意しよう．

このような集合は要素すべてを列挙することができない集合で**無限集合** (infinite set) と呼ばれる．数学的に重要な無限集合は特別な記号を用いてあらわすことが多い．本書で用いる記号を表 1.5 にまとめておく．

表 1.5 数の集合の記号

自然数の全体	$\mathbb{N}$	整数の全体	$\mathbb{Z}$	有理数の全体	$\mathbb{Q}$
実数の全体	$\mathbb{R}$	複素数の全体	$\mathbb{C}$		

さて，自然数の部分集合で，偶数の集合を E，奇数の集合を O としよう．すなわち，

$$E = \{0, 2, 4, 6, 8, 10, \dots\},$$
$$O = \{1, 3, 5, 7, 9, 11, \dots\}$$

である．このように，すべてを列挙しなくても容易に理解ができ，誤解のおそれがない場合にかぎりこのように「$\dots$」を用いてあらわすことがある．

これらの集合に対して共通部分 $E \cap O$ を考えてみよう．共通部分の要素 e は定義から $e \in E$ かつ $e \in O$ を満たすはずである．ところが，これは e が偶数であり奇数であるということになり，そのような自然数は存在しない．このようなとき，共通部分 $E \cap O$ はどのように定義されるのだろうか．

実はこのようなときのために，空集合というものが定義されている．すなわち，**空集合** (empty set) とは要素を持たない集合で，$\emptyset$ という記号であらわされ，形式的には述語 $P(x)$ を用いて

$$\emptyset = \{x \mid P(x) \wedge \neg P(x)\}$$

で定義される．ここで $P(x)$ はどのような述語でもよい．なぜならば $P(x)$ がどのような述語であっても $P(e) \wedge \neg P(e)$ はつねに偽の命題であり，これを真にする e は存在しないからである．つまり $P(x)$ とは異なる述語 $Q(x)$ に対しても

$$\emptyset = \{x \mid P(x) \wedge \neg P(x)\} = \{x \mid Q(x) \wedge \neg Q(x)\}$$

が成り立つのである．

空集合は要素を持たないので，どのような集合 S に対しても $\emptyset \subset S$ が成立

する．論理の計算を用いて証明してみよう．

定理 1.47 任意の集合 S に対して $\emptyset \subset S$ が成立する．

証明 $S = \{x \mid P(x)\}$ とあらわすことにすると，空集合 $\emptyset$ はこの述語 $P(x)$ を用いて $\emptyset = \{x \mid P(x) \land \neg P(x)\}$ とあらわすことができる．これを用いて $\emptyset \subset S$ を示そう．任意の e を考え，次の論理の計算をおこなうと

$$e \in \emptyset \Rightarrow P(e) \land \neg P(e) \qquad (\in \text{の定義})$$
$$\Rightarrow P(e) \qquad (\text{定理 1.15})$$
$$\Rightarrow e \in S \qquad (\in \text{の定義})$$

となり，$e \in \emptyset$ から $e \in S$ が導けたので $\emptyset \subset S$ が成立することが示された． □

空集合を用いることで，前述の $E \cap O$ は $E \cap O = \emptyset$ とあらわすことができる．

全体集合と補集合 表 1.5 において，実数の全体をあらわす記号 $\mathbb{R}$ や有理数の全体をあらわす記号 $\mathbb{Q}$ を導入した．また，この表にはないが，有理数ではない実数は無理数と呼ばれる．この事実を集合の記号を用いて表現することを考えよう．

有理数の集合 $\mathbb{Q}$ を $\mathbb{Q} = \{x \mid Q(x)\}$ であらわすことにしよう．つまり $Q(x)$ は「x は有理数である」という述語である．このとき，有理数でないものの全体をあらわす集合 I は

$$I = \{x \mid \neg Q(x)\}$$

とあらわすことができる．これを用いれば無理数をあらわせるように思える．しかし，次の例を考えてみよう．

$\neg Q(x)$ は「x は有理数でない」という述語である．このとき，たとえば x に「りんご」を代入すると，命題は「りんごは有理数でない」となる．もちろんこれは真の命題である．しかし，この事実は「りんご」が集合 I の要素であることを示しているので，無理数の集合として I を採用すると「りんごは無理数である」ということになってしまう．

このままでは想定している議論ができそうにないことは明らかである．この例における「りんご」のような存在を排除して議論を進めるための手段を考え

なければならない．そのためには現在の議論で考えている範囲を規定する必要がある．つまり，今の議論では「実数の全体」という集合に注目しており，そこに属さない「りんご」のような存在は議論の対象にしないということである．一般に，集合に関する議論において，ある 1 つの集合 U に注目し，その部分集合と要素に対象を限定して議論を進める場合がよくある．このようなとき U を**全体集合** (universal set) という．

集合 S が全体集合 U の部分集合であることを明示する必要がある場合には
$$S = \{x \in U \mid P(x)\}$$
のようにあらわす．また，この S に対して $\{x \in U \mid x \notin S\}$ を S の**補集合** (complement) といい，S^{C} であらわす．

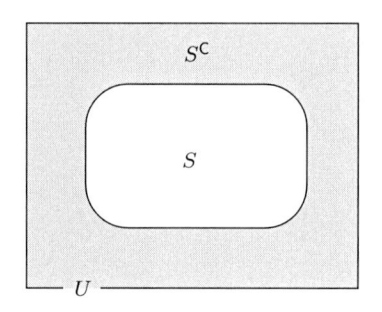

図 1.4 補集合

今の例の場合，全体集合は実数の全体 $\mathbb{R}$ であり，有理数でない実数，すなわち無理数の全体は
$$I = \mathbb{Q}^{\mathsf{C}} = \{x \in \mathbb{R} \mid x \notin \mathbb{Q}\}$$
とあらわすことができる．

例題 1.48 全体集合 U の部分集合 S に対して
$$(S^{\mathsf{C}})^{\mathsf{C}} = S$$
が成り立つことを証明せよ．

証明 集合 S が述語 $P(x)$ を用いて $S = \{x \in U \mid P(x)\}$ とあらわせるとしよ

う．このとき補集合の定義より
$$S^\mathsf{C} = \{x \in U \mid x \notin S\} = \{x \in U \mid \neg P(x)\}$$
であり，さらに補集合の定義と二重否定の法則を用いることで
$$(S^\mathsf{C})^\mathsf{C} = \{x \in U \mid \neg(\neg P(x))\} = \{x \in U \mid P(x)\} = S$$
が成り立つ．よって $(S^\mathsf{C})^\mathsf{C} = S$ が示された． □

直積集合 すでに中学校の数学で学んだ通り，実数を直線上の点と対応させることによって実数の全体 $\mathbb{R}$ はいわゆる数直線によって視覚化することができる．同様に，xy 平面上の点は 2 つの実数の組を用いた座標によって (x,y) と対応させることができる．この「組」という概念を集合に対して適用することを考えよう．

2 つの集合 S,T とそれらの要素 $a \in S$ と $b \in T$ に対し，a と b の組を (a,b) とあらわし，**順序対** (ordered pair) という．S の要素と T の要素からなる順序対の全体を S と T との**直積** (direct product) あるいは**デカルト積** (Cartesian product) といい $S \times T$ であらわす．つまり
$$S \times T = \{(a,b) \mid a \in S \wedge b \in T\}$$
$$= \{(a,b) \mid a \in S,\ b \in T\}$$
である．順序対については，対をなす際の順序が重要であり，一般にこれらを自由に交換することは許されない．すなわち，$a \neq b$ のときは $(a,b) \neq (b,a)$ であり，$(a,b) = (b,a)$ となるのは $a = b$ のときにかぎる．より一般に，2 つの順序対が等しいということは
$$(a,b) = (c,d) \Leftrightarrow (a = c) \wedge (b = d)$$
によって定義される．

例題 1.49 集合 A,B,T に対して
$$(A \cup B) \times T = (A \times T) \cup (B \times T)$$
が成り立つことを示せ．

解答 まず $(A \cup B) \times T \subset (A \times T) \cup (B \times T)$ を示す．任意の e を固定したとき

$$e \in (A \cup B) \times T \Rightarrow \exists x \exists y (e = (x,y) \land (x,y) \in (A \cup B) \times T)$$
であるから，この式を満たすものを (e_1, e_2) とすると
$$e = (e_1, e_2) \land (e_1, e_2) \in (A \cup B) \times T.$$
ここで，$(e_1, e_2) \in (A \cup B) \times T$ の部分のみについて計算をすると

$(e_1, e_2) \in (A \cup B) \times T$

$\Rightarrow e_1 \in A \cup B \land e_2 \in T$ (×の定義)

$\Rightarrow (e_1 \in A \lor e_1 \in B) \land e_2 \in T$ (∪の定義)

$\Rightarrow (e_1 \in A \land e_2 \in T) \lor (e_1 \in B \land e_2 \in T)$ (分配法則)

$\Rightarrow (e_1, e_2) \in A \times T \lor (e_1, e_2) \in B \times T$ (×の定義)

$\Rightarrow (e_1, e_2) \in (A \times T) \cup (B \times T).$ (∪の定義)

したがって $e = (e_1, e_2) \land (e_1, e_2) \in (A \times T) \cup (B \times T)$ となることから $e \in (A \times T) \cup (B \times T)$ が得られ，片側の包含関係が示された．逆の包含関係も同様にして示される． ■

3つ以上の有限個の集合に対しても，それらの要素の組を考えることで直積を定義できる．つまり，n を正の整数とするとき，n 個の集合 $S_1, S_2, \ldots, S_n$ に対してその直積は
$$S_1 \times S_2 \times \cdots \times S_n = \{(a_1, a_2, \ldots, a_n) \mid a_1 \in S_1, \, a_2 \in S_2, \ldots, a_n \in S_n\}$$
で定義される．$S_1 \times S_2 \times \cdots \times S_n = \prod_{k=1}^{n} S_k$ とあらわすこともある．

ここで $(a_1, a_2, \ldots, a_n), (b_1, b_2, \ldots, b_n) \in S_1 \times S_2 \times \cdots \times S_n$ に対し，これらの組が等しいことは
$$(a_1, a_2, \ldots, a_n) = (b_1, b_2, \ldots, b_n) \Leftrightarrow (a_1 = b_1) \land (a_2 = b_2) \land \cdots \land (a_n = b_n)$$
によって定義されている．

例 **1.50** 直積集合の要素 $(a_1, a_2, \ldots, a_n)$ は，添字の集合 $N = \{1, 2, \ldots, n\}$ を用いて $(a_k)_{k \in N}$ とあらわすこともある．ここで $(a_k)_{k \in N}$ と $\{a_k \mid k \in N\}$ との違いを考えてみよう．$n = 3$ とするとき，$N = \{1, 2, 3\}$ である．ここで $a_1 = 1, a_2 = 0, a_3 = 0, b_1 = 1, b_2 = 0, b_3 = 1$ とすると
$$(a_k)_{k \in N} = (a_1, a_2, a_3) = (1, 0, 0),$$

$$(b_k)_{k \in N} = (b_1, b_2, b_3) = (1, 0, 1)$$

であり，直積集合の要素が等しいことの定義より $(a_k)_{k \in N} \neq (b_k)_{k \in N}$ である．一方，例 1.42 より

$$\{a_k \mid k \in N\} = \{a_1, a_2, a_3\} = \{1, 0, 0\} = \{1, 0\},$$
$$\{b_k \mid k \in N\} = \{b_1, b_2, b_3\} = \{1, 0, 1\} = \{1, 0\}$$

となるので，$\{a_k \mid k \in N\} = \{b_k \mid k \in N\}$ が成り立つ．

このように，等しいことの定義が異なるため，状況に応じてこれらの概念を使い分ける必要がある．同様のことが，次項で定義される「添字をもつ集合族」についてもいえる．

無限個の共通部分と合併　有限個の集合に対する直積を考えられるのと同様に，共通部分や合併についても有限個の集合に対して考えることができる．n を正の整数とするとき，n 個の集合 $S_1, S_2, \ldots, S_n$ の共通部分は

$$S_1 \cap S_2 \cap \cdots \cap S_n = \{x \mid x \in S_1 \land x \in S_2 \land \cdots \land x \in S_n\}$$

とあらわされる．合併についても同様にして

$$S_1 \cup S_2 \cup \cdots \cup S_n = \{x \mid x \in S_1 \lor x \in S_2 \lor \cdots \lor x \in S_n\}$$

とあらわされる．これらの集合には

$$S_1 \cap S_2 \cap \cdots \cap S_n = \bigcap_{k=1}^{n} S_k,$$
$$S_1 \cup S_2 \cup \cdots \cup S_n = \bigcup_{k=1}^{n} S_k$$

という記号も用いられる．

2 つの実数 a, b が $a < b$ を満たすとし，これを用いて実数全体の集合 $\mathbb{R}$ の部分集合に関する記号を次のように定義する．

$$[a, b] = \{x \in \mathbb{R} \mid a \leq x \leq b\}, \quad (a, b] = \{x \in \mathbb{R} \mid a < x \leq b\},$$
$$[a, b) = \{x \in \mathbb{R} \mid a \leq x < b\}, \quad (a, b) = \{x \in \mathbb{R} \mid a < x < b\}.$$

これらの集合は**区間** (interval) と呼ばれ，とくに $[a, b]$ を**閉区間** (closed interval)，(a, b) を**開区間** (open interval) という．開区間の記号は順序対の記号と同じだが，本書ではあえて別の記号にはせず，どちらの意味であるかが明らか

なときは断りなく用いることにする.

条件が片側しかないものについてはたとえば
$$[a, \infty) = \{x \in \mathbb{R} \mid a \leq x\}, \quad (-\infty, b) = \{x \in \mathbb{R} \mid x < b\}$$
のように記述する. ∞ や $-\infty$ は実数ではないので $[a, \infty]$ や $[-\infty, b)$ のようなものは通常は扱わないことに注意しよう.

例題 1.51 n を正の整数とし, $k = 1, 2, \ldots, n$ に対して $S_k = [-1, 1/k)$ とするとき, $\bigcap_{k=1}^{n} S_k$ および $\bigcup_{k=1}^{n} S_k$ を求めよ.

解答 定義より $S_1 = [-1, 1)$, $S_2 = [-1, 1/2)$, $S_3 = [-1, 1/3)$ のようになっている. これを図にあらわすと次のようになる.

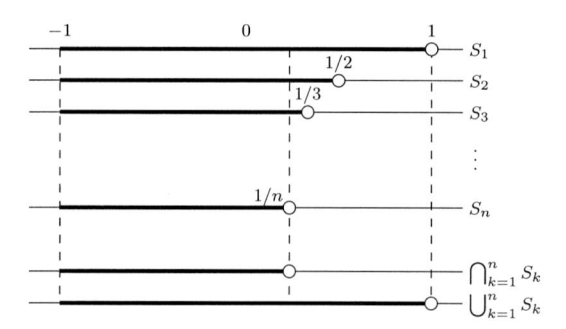

よって, 共通部分および合併の定義より
$$\bigcap_{k=1}^{n} S_k = \left[-1, \frac{1}{n}\right), \quad \bigcup_{k=1}^{n} S_k = [-1, 1)$$
となる. ∎

有限個の集合 $S_1, S_2, \ldots, S_n$ の共通部分と合併は, 添字 k が 1 以上 n 以下の自然数の値をとるときの各 S_k に対する共通部分および合併としてあらわすことができた. では, 添字が正の整数全体を動く場合, つまり無限個の集合の族に対する共通部分や合併についてはどのように定義されるのだろうか.

正の整数を添字に持つ集合の族を $(S_k)_{k \in N}$ と書くことにする. ただし, $N = \mathbb{N} \setminus \{0\}$ とし, 以下では記法を簡単にするために, この N を使う. 有限個の集合に対する共通部分と合併の定義から類推すると, 正の整数を添字に

持つ場合の合併と共通部分の定義は
$$S_1 \cap S_2 \cap S_3 \cap \cdots = \{x \mid x \in S_1 \land x \in S_2 \land x \in S_3 \land \cdots\},$$
$$S_1 \cup S_2 \cup S_3 \cup \cdots = \{x \mid x \in S_1 \lor x \in S_2 \lor x \in S_3 \lor \cdots\}$$
とあらわせると考えられるが，このとき，x を変数とする述語 $x \in S_1 \land x \in S_2 \land x \in S_3 \land \cdots$ および $x \in S_1 \lor x \in S_2 \lor x \in S_3 \lor \cdots$ の意味は明確になっているだろうか．

一般に，命題や集合を扱う際に無限が登場する場合は，直感のみに頼っていると間違いが生じる場合が多い．とくに，何かを定義する際には意味が曖昧にならないよう，直感に頼らない明確な定義が必要である．そこで，正の整数を添字に持つ集合の族に対する共通部分および合併は，有限個の場合に
$$S_1 \cap S_2 \cap \cdots \cap S_n = \{x \mid x \in S_1 \land x \in S_2 \land \cdots \land x \in S_n\}$$
$$= \{x \mid \forall k \in \{1, 2, \ldots, n\}(x \in S_k)\},$$
$$S_1 \cup S_2 \cup \cdots \cup S_n = \{x \mid x \in S_1 \lor x \in S_2 \lor \cdots \lor x \in S_n\}$$
$$= \{x \mid \exists k \in \{1, 2, \ldots, n\}(x \in S_k)\}$$
とあらわせることからの類推によって
$$S_1 \cap S_2 \cap S_3 \cap \cdots = \{x \mid \forall k \in N(x \in S_k)\},$$
$$S_1 \cup S_2 \cup S_3 \cup \cdots = \{x \mid \exists k \in N(x \in S_k)\}$$
と定義することにしよう．またこのとき
$$S_1 \cap S_2 \cap S_3 \cap \cdots = \bigcap_{k=1}^{\infty} S_k = \bigcap_{k \in N} S_k,$$
$$S_1 \cup S_2 \cup S_3 \cup \cdots = \bigcup_{k=1}^{\infty} S_k = \bigcup_{k \in N} S_k$$
という記号を用いることにする．$\bigcap_{k=1}^{\infty} S_k, \bigcup_{k=1}^{\infty} S_k$ とあるが，S_∞ という集合があるわけではないことに注意しよう．

例題 1.52 正の整数 k に対して $S_k = [-1, 1/k]$ と定義するとき，$0 \in \bigcap_{k=1}^{\infty} S_k$ が成り立つことを示せ．

証明 ここでも $N = \mathbb{N} \setminus \{0\}$ とする．正の整数を添字に持つ集合の族の共通部

分の定義より
$$\bigcap_{k=1}^{\infty} S_k = \{x \in \mathbb{R} \mid \forall k \in N(x \in S_k)\} = \left\{x \in \mathbb{R} \mid \forall k \in N\left(-1 \leq x < \frac{1}{k}\right)\right\}$$
である．任意の $j \in N$ に対して
$$-1 \leq 0 < \frac{1}{j}$$
であるから，
$$\forall k \in N\left(-1 \leq 0 < \frac{1}{k}\right)$$
が成立する．これは述語
$$\forall k \in N\left(-1 \leq x < \frac{1}{k}\right)$$
が $x = 0$ のときに真になることを意味するので，集合の要素であることの定義から $0 \in \bigcap_{k=1}^{\infty} S_k$ が成り立つ． □

この例題において，$1/k$ が $k \to \infty$ のとき 0 に収束するという事実から
$$\bigcap_{k=1}^{\infty} S_k = \bigcap_{k=1}^{\infty} \left[-1, \frac{1}{k}\right) = [-1, 0)$$
と考えてしまうことがあるかもしれないが，これは間違いである．実際，例題で見たように，定義に基づいて考えると 0 はこの集合の要素であるから，0 を含まない集合 $[-1, 0)$ になることはない．正しくは
$$\bigcap_{k=1}^{\infty} \left[-1, \frac{1}{k}\right) = [-1, 0]$$
となり，一見直感とは異なると感じられるものが等しくなる．これは無限を扱う場合には注意が必要であることの1つの例である．

より一般に，添字の集合 I が正の整数全体以外の無限集合の場合にも共通部分および合併は定義される．具体的には，$i \in I$ を添字とする集合族 $(S_i)_{i \in I}$ に対して
$$\bigcap_{i \in I} S_i = \{x \mid \forall i \in I(x \in S_i)\},$$
$$\bigcup_{i \in I} S_i = \{x \mid \exists i \in I(x \in S_i)\}$$
とする．

I が整数の集合またはその部分集合のとき以外では

1.4 集合

$$S_1 \cap S_2 \cap S_3 \cap \cdots, \quad S_1 \cup S_2 \cup S_3 \cup \cdots$$

のような表記は使えないことに注意しよう．たとえば，I が実数の集合 $\mathbb{R}$ のとき，$S = \bigcap_{i \in \mathbb{R}} S_i$ を

$$S = S_1 \cap S_{1/2} \cap S_{\sqrt{2}} \cap \cdots$$

のようにあらわすのは誤りである．

例題 1.53 添字集合を $I = \{i \in \mathbb{R} \mid i > 0\}$ とし，$i \in I$ を添字とする実数の部分集合の区間 S_i を $S_i = [0, \sqrt{i}]$ と定義する．このとき

$$\bigcup_{i \in I} S_i = [0, \infty)$$

が成り立つことを証明せよ．

証明 最初に論理の計算により $s \in \bigcup_{i \in I} S_i$ の意味を明確にしておこう．任意の $s \in \mathbb{R}$ に対して，

$$s \in \bigcup_{i \in I} S_i \Leftrightarrow s \in \{x \in \mathbb{R} \mid \exists i \in I (x \in S_i)\}$$

$$\Leftrightarrow s \in \{x \in \mathbb{R} \mid \exists i \in I (0 \le x \le \sqrt{i})\}$$

$$\Leftrightarrow \exists i \in I (0 \le s \le \sqrt{i})$$

が成り立つ．

まず $\bigcup_{i \in I} S_i \subset [0, \infty)$ を示す．そのために任意の $a \in \bigcup_{i \in I} S_i$ を考える．上記の考察から，

$$\exists i \in I (0 \le a \le \sqrt{i})$$

である．ここで，存在記号の意味から，$0 \le a \le \sqrt{i_0}$ を満たす $i_0 \in I$ が存在する．よって

$$0 \le a \le \sqrt{i_0} \Rightarrow 0 \le a$$

$$\Rightarrow a \in \{x \in \mathbb{R} \mid 0 \le x\}$$

$$\Rightarrow a \in [0, \infty)$$

となり，$a \in \bigcup_{i \in I} S_i$ から $a \in [0, \infty)$ が導かれたので $\bigcup_{i \in I} S_i \subset [0, \infty)$ が示された．

次に逆の包含関係を示す．$b \in [0, \infty)$ とするとき，$j = b^2 + 1$ とすると $j > 0$

なので $j \in I$ である．さらに
$$0 \leq b = \sqrt{b^2} \leq \sqrt{b^2+1} = \sqrt{j}$$
が成り立つので $b \in [0, \sqrt{j}] = S_j$ が成り立つ．このような j が存在することから
$$\exists i \in I (0 \leq b \leq \sqrt{i})$$
が成り立つ．これは最初の議論より $b \in \bigcup_{i \in I} S_i$ と同値である．よって $b \in [0, \infty)$ から $b \in \bigcup_{i \in I} S_i$ が導かれたので $\bigcup_{i \in I} S_i \supset [0, \infty)$ が示され，これらが等しいことが証明された． □

集合に関する基本的な定理　この節では，集合に関する記号の定義をいくつかの簡単な性質とともに見てきた．この節の最後に，以降の章で用いるための集合の演算に関する基本的な性質を紹介しておこう．

なお，練習のため，証明は論理の記号を用いて書くことにする．

定理 1.54　集合 S, T と任意の a に対し
$$a \in S \land S \subset T \to a \in T.$$

証明　$a \in S \land S \subset T$ を仮定し，次の論理の計算をおこなう．
$$a \in S \land S \subset T \Rightarrow a \in S \land \forall x (x \in S \to x \in T) \quad (\subset \text{の定義})$$
$$\Rightarrow a \in T. \quad (\text{定理 1.33})$$
したがって，$a \in S \land S \subset T \to a \in T$ が示された． □

定理 1.55　集合 S, T, U に対し
$$S \subset T \land T \subset U \to S \subset U.$$

証明　$S \subset T \land T \subset U$ を仮定する．結論である $S \subset U$ の定義は $\forall x (x \in S \to x \in U)$ であるから，任意の a を固定して命題 $a \in S \to a \in U$ を導こう．そのために $a \in S$ を仮定すると，
$$a \in S \land S \subset T \land T \subset U \Rightarrow a \in S \land S \subset T \quad (\text{定理 1.15})$$
$$\Rightarrow a \in T. \quad (\text{定理 1.54})$$

一方，定理 1.15 より，
$$a \in S \wedge S \subset T \wedge T \subset U \Rightarrow T \subset U$$
となり，同じ仮定から 2 つが導かれたので
$$a \in T \wedge T \subset U$$
が導かれる．よって再び定理 1.54 より $a \in U$ が導かれる．任意の a に対して $a \in S$ を仮定して $a \in U$ が導かれたので，全称記号の意味より $\forall x(x \in S \to x \in U)$，すなわち $S \subset U$ が示された． □

次の定理は，命題に対する分配法則と同様の式が集合の合併と共通部分についても成り立つことを示している．

定理 1.56 集合 S, T, U に対して次の式が成り立つ．
$$S \cap (T \cup U) = (S \cap T) \cup (S \cap U),$$
$$S \cup (T \cap U) = (S \cup T) \cap (S \cup U).$$

証明 任意の a に対し $a \in S \cap (T \cup U)$ を仮定すると

$$\begin{aligned}
a \in S \cap (T \cup U) &\Rightarrow a \in S \wedge a \in T \cup U & (\cap \text{の定義}) \\
&\Rightarrow a \in S \wedge (a \in T \vee a \in U) & (\cup \text{の定義}) \\
&\Rightarrow (a \in S \wedge a \in T) \vee (a \in S \wedge a \in U) & (\text{分配法則}) \\
&\Rightarrow (a \in S \cap T) \vee (a \in S \cap U) & (\cap \text{の定義}) \\
&\Rightarrow a \in (S \cap T) \cup (S \cap U). & (\cup \text{の定義})
\end{aligned}$$

したがって $S \cap (T \cup U) \subset (S \cap T) \cup (S \cap U)$ が示された．逆の包含関係およびもう 1 つの式も同様にして示される． □

次の定理は集合におけるド・モルガンの法則 (de Morgan's law) と呼ばれる．

定理 1.57 S, T がそれぞれ全体集合 X の部分集合であるとき
$$S^{\mathsf{C}} \cap T^{\mathsf{C}} = (S \cup T)^{\mathsf{C}},$$
$$S^{\mathsf{C}} \cup T^{\mathsf{C}} = (S \cap T)^{\mathsf{C}}.$$

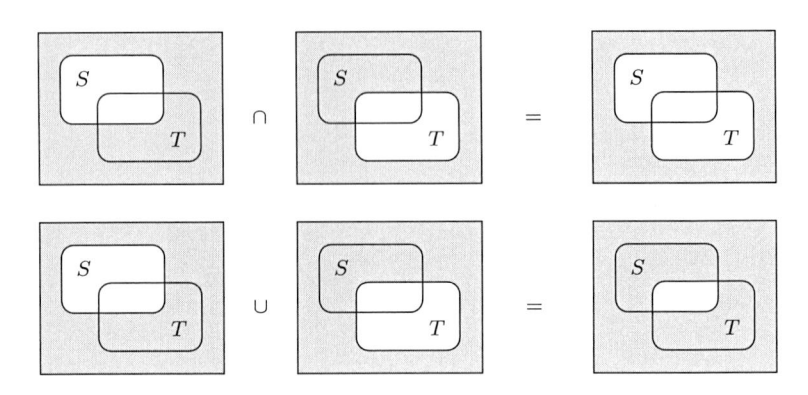

図 1.5 ド・モルガンの法則

証明 まず $S^\mathsf{C} \cap T^\mathsf{C} \subset (S \cup T)^\mathsf{C}$ を示そう．任意の a に対して $a \in S^\mathsf{C} \cap T^\mathsf{C}$ を仮定すると

$$
\begin{aligned}
a \in S^\mathsf{C} \cap T^\mathsf{C} &\Rightarrow a \in S^\mathsf{C} \wedge a \in T^\mathsf{C} && (\cap\text{ の定義}) \\
&\Rightarrow a \notin S \wedge a \notin T && (\text{補集合の定義}) \\
&\Rightarrow \neg(a \in S) \wedge \neg(a \in T) && \\
&\Rightarrow \neg(a \in S \vee a \in T) && (\text{ド・モルガンの法則}) \\
&\Rightarrow \neg(a \in S \cup T) && (\cup\text{ の定義}) \\
&\Rightarrow a \notin S \cup T && \\
&\Rightarrow a \in (S \cup T)^\mathsf{C}. && (\text{補集合の定義})
\end{aligned}
$$

よって $\forall x(x \in S^\mathsf{C} \cap T^\mathsf{C} \to x \in (S \cup T)^\mathsf{C})$，すなわち，$S^\mathsf{C} \cap T^\mathsf{C} \subset (S \cup T)^\mathsf{C}$ が示された．$S^\mathsf{C} \cap T^\mathsf{C} \supset (S \cup T)^\mathsf{C}$ についても同様に示すことができ，結果的に $S^\mathsf{C} \cap T^\mathsf{C} = (S \cup T)^\mathsf{C}$ であることが導かれる．

2 つめの式も同様にして示される． □

Coffee Break #1

――― ラッセルのパラドックス ―――――――――――――――

　この章において，集合とはものの集まりであると説明した．しかし，どのような「ものの集まり」でも同じように集合として扱おうとすると，次に見るような「ラッセル (Russell) のパラドックス」と呼ばれるおかしなことが起きてしまう．

> **ラッセルのパラドックス**　あらゆる集合を要素として持つ集合 X を考える．ここで，X の部分集合 S を「自分自身を要素として持たないような集合の全体」と定義しよう．つまり
> $$S = \{A \in X \mid A \notin A\}$$
> と定義する．
> 　このとき，S 自身は X の部分集合であると同時に X の要素でもあるから，$S \in S$ か $S \notin S$ のいずれかが成り立つはずである．はたしてどちらであろうか．
> 　もし $S \in S$ が成り立っているとすると，S は自分自身を要素として持たない集合の 1 つである．つまり $S \notin S$ が成り立たなければならず，これは $S \in S$ が成り立つことと「矛盾」する．
> 　では $S \notin S$ なのかということ，そうもいかない．もし $S \notin S$ であるとすると，S は自分自身を要素としてもたない集合ではないのだから，言い換えれば S は自分自身を要素として持つのである．つまり $S \in S$ が成り立つことになり，こちらでも「矛盾」が生じてしまう．
> 　結果的に，$S \in S$ でも $S \notin S$ でも「矛盾」が生じることになり，おかしなことが起こっていることがわかる．

　現代の数学では，このようなおかしなことを避けるために，上記の X や S のようなものは集合として扱わないように「集合の定義」そのものをあらためてきちんと定めるようにしている．興味のある人は「公理論的集合論」をキーワードとして検索をしてみよう．

章末問題

1. P, Q, R をそれぞれ命題とする.真偽の表を作ることで,次が成り立つことを示せ.
  (1) $(P \vee Q) \vee R \Leftrightarrow P \vee (Q \vee R)$.
  (2) $P \vee (Q \wedge R) \Leftrightarrow (P \vee Q) \wedge (P \vee R)$.

2. $P \vee (Q \wedge R)$ と $(P \vee Q) \wedge R$ の真偽が一致しないような命題 P, Q, R に関する真偽の組合せをあげよ.

3. 命題 $P \to Q$ に対し,その裏と逆の真偽が一致することを証明せよ.

4. 命題 P, Q, R に対し,次の命題が成り立つことを示せ.
  (1) $\neg(P \vee \neg Q) \to Q \wedge \neg P$.
  (2) $P \wedge \neg(P \wedge Q) \to P \wedge \neg Q$.
  (3) $(P \to (Q \vee R)) \to ((P \to Q) \vee (P \to R))$.
  (4) $((P \to Q) \wedge (Q \to R)) \to (P \to R)$.

5. 述語 $P(x)$ に対し,「$P(a)$ である a がただ 1 つ存在する」という命題を論理の記号を用いてあらわせ.

6. 述語 $P(x), Q(x)$ に対し,次の命題が成り立つことを示せ.
  (1) $\neg(\forall x(P(x) \vee \neg Q(x))) \to \exists x(\neg P(x) \wedge Q(x))$.
  (2) $\exists x(P(x) \wedge Q(x)) \to (\exists x P(x) \wedge \exists x Q(x))$.
  (3) $(\forall x P(x) \wedge \forall x(P(x) \to Q(x))) \to \forall x Q(x)$.

7. 集合 A, B に対し,次の包含関係を証明せよ.
  (1) $A \cap B \subset A$.
  (2) $A \subset A \cup B$.
  (3) $A \setminus B \subset A \cup B^{\mathsf{c}}$.
  (4) $A \cap (A \cap B)^{\mathsf{c}} \subset B^{\mathsf{c}}$.

8. 集合 A, B に対し,次の等式を証明せよ.
  (1) $A \cap \emptyset = \emptyset$.
  (2) $A \cup \emptyset = A$.
  (3) $(A \cap B) \cap (A \setminus B) = \emptyset$.
  (4) $(A \cap B) \cup (A \setminus B) = A$.

9. 集合 S, T に対し,A, B を S の部分集合,C, D を T の部分集合とする.次の問いに答えよ.
  (1) $(A \cap B) \times (C \cap D) = (A \times C) \cap (B \times D)$ を示せ.
  (2) $(A \cup B) \times (C \cup D) \supset (A \times C) \cup (B \times D)$ を示せ.
  (3) $(A \cup B) \times (C \cup D) \subset (A \times C) \cup (B \times D)$ は一般に成り立たない.反例をあげよ.

10. 正の整数 k に対して実数の区間 S_k を $S_k = [1/k, 2]$ と定義する. このとき $0 \notin \bigcup_{k=1}^{\infty} S_k$ が成り立つことを示せ.

第 2 章
写像と濃度

中学や高校の数学で比例・反比例に始まり，1 次関数や 2 次関数，指数関数や対数関数など多くの関数というものを学んできたと思う．ここでは第 1 章で学んだ集合の観点からもう一度関数，あるいは写像というものを見直してみる．さらに写像に関するいくつかの概念，性質について説明したあとで，写像の言葉を用いて定義される集合の濃度について解説をする．最後に選択公理について簡単に触れる．

2.1 関 数 と 写 像

まずはじめに素朴に次のようなことを考えてみよう．人間は何か目の前にある物を調べるためにまず何をするであろうか？ おそらく長さを測ったり，重さを量ったりするであろう．この長さや重さというものは，与えられた物に対し長さや重さといった数を対応させている．このように物に対して，ある決まったやり方で数を対応させるものは多くの場面で用いられている．このような具体的な操作を抽象化したものが関数である．

例として $y = 2x + 1$ という 1 次関数を考えてみよう．関数というとそのグラフである xy 平面上の曲線，この場合では傾きが 2 で y 軸と $(0,1)$ で交わる直線が頭に浮かぶ人も多いと思う．この関数 $y = 2x + 1$ をまずは「実数 x を入力すると実数 $2x + 1$ を返してくる」機械のようなものとして考えよう．つまり何か実数を 1 つ入れるとその数を 2 倍して 1 を加えるというあらかじめ決められたルールによって，別な実数を出してくるのである．

一般に，入力する数が与えられる前に，何かあるルールが定まっていて，1 つ数を与えれば必ず 1 つの数を返し，かつ同じ数 x に対してはいつも同じ数を

返してくるものを**関数** (function) というのである．ある数に対して 2 つ以上の数を返してくる場合を考えて，そのような場合も関数と呼ぶ場合は有るが，ここではそのような場合は考えないこととする．

　ここで注意しなくてはならないのは，入力に対してどう対応させるかのルールが，入力する具体的な要素が与えられる前に定まっているということである．次の例を見てみよう．

例 2.1　実数 x に対してサイコロを振って出た目が偶数なら $2x$，奇数なら $3x$ を対応させる．これは関数といえるかどうかを考えてみよう．同じ実数 x に対して対応するものが，サイコロの目の出方によって $2x$ か $3x$ か変わってしまう．このようなものは関数とは呼べない．

例 2.2　実数 x が 0 より小さいならば $2x$，x が 0 以上ならば $3x$ を対応させるというものは関数である．ルールが最初に与えられる実数によって変わっているように見えるかもしれないが，この場合は，

　　　実数 x が 0 より小さいならば $2x$，x が 0 以上ならば $3x$ を対応させる

という対応のルールが最初から決まっている．つまり，同じ実数 x に対してはつねに同じ値が対応している．したがって，これは関数である．

　写像　この関数という概念を 2 つの集合の間の対応として一般化したものが写像である．必ずしも数の集合とは限らない一般の集合 X と Y を考えよう．X から Y への**写像** (map, mapping) とは，上で述べた関数の場合と同様にあるルールが最初に決まっていて，X の要素 x に対して，集合 Y の要素 y をただ 1 つ対応させるもののことである．一般に写像 f を

$$f : X \to Y$$

とあらわす．これは写像 f という名前のルールによって X の要素 x に対応して Y の要素 $f(x)$ が定まっているということをあらわしている．

　関数と写像という言葉の厳密な使い分けに関しては，いろいろな流儀がある．本書では，集合から集合への写像の中で，対応させる値が数であるものを関数と呼ぶことにする．

X を日本に住んでいる人の集合, Y を自然数の集合 $\mathbb{N}$ としよう. このとき, 集合 X に属している人に対して, ある時点でその人の年齢を対応させれば, ルールが最初に定まっているので, これは X から $\mathbb{N}$ への写像を与える.

この写像 f において最初に入れる要素の集合 X を**定義域** (domain) と呼ぶ. 定義域の要素 x をいろいろ動かしたとき, 出て来る値 $f(x)$ の入っている集合 Y を**値域** (range) と呼ぶことにする. ここで定義域 X の要素 x がいろいろ動いたときに現れる Y の要素 $f(x)$ を集めても Y 全体になるとは限らない. そこで定義域 X の要素 x が動いたときに現れる $f(x)$ の全体からなる集合

$$\{f(x) \mid x \in X\}$$

を写像 f による X の**像** (image) と呼び $f(X)$ とあらわす. より一般に部分集合 $A \subset X$ に対して, A の要素を f で写して得られる Y の要素全体

$$\{f(x) \mid x \in A\}$$

を A の写像 f による像と呼び, $f(A)$ とあらわす.

例 2.3 何気なく登場したが, $\{f(x) \in Y \mid x \in X\}$ のような集合の定め方は, 第 1 章では導入していなかった. 厳密に第 1 章のやり方で $f(X)$ を定義すると

$$f(X) = \{y \mid \exists x \in X(y = f(x))\}$$

となる. ここで, 要素をあらわす記号 $\in$ の定義を思い出すと,

$$b \in f(X) \Leftrightarrow \exists x \in X(b = f(x))$$

ということがいえる. つまり, X の何らかの要素 x に対応付けられるもの (だけ) が $f(X)$ の要素なのである. このような特徴付けを, $\{f(x) \mid x \in X\}$ のような書き方から見出すのはなかなか難しい. 証明をしようとして行き詰まったときは, 少々面倒でも, 厳密な定義に戻って考えてみるのも重要なのである.

部分集合 $S \subset Y$ に対し, 写像 f で写すと S に含まれる X の要素全体の集合

$$\{x \in X \mid f(x) \in S\}$$

を S の f による**逆像** (inverse image) と呼び, $f^{-1}(S)$ とあらわす.

S が 1 点集合 $\{y\}$ のときは, その逆像 $f^{-1}(\{y\})$ を $f^{-1}(y)$ と略して書くことがある.

例 2.4 整数全体の集合 $\mathbb{Z}$ を考えよう．写像 $f : \mathbb{Z} \to \mathbb{Z}$ を整数 n が 2 の倍数ならば，$f(n) = 1$, そうでなければ，$f(n) = -1$ と定義する．この写像 f の定義域，値域はともに $\mathbb{Z}$ である．見やすさのために，このような定義を本書では

$$f(n) = \begin{cases} 1, & n \text{ が 2 の倍数のとき}, \\ -1, & \text{その他のとき} \end{cases}$$

と書く場合もある．この f に対する整数 $\mathbb{Z}$ の像は，

$$f(\mathbb{Z}) = \{1, -1\} \subset \mathbb{Z}$$

である．また偶数全体を E, 奇数全体を O とすると，それぞれの像は

$$f(E) = \{1\}, \ f(O) = \{-1\}$$

となる．また $\mathbb{Z}$ の部分集合 $\{1\}, \{-1\}, \{0, 1, 2\}$ の逆像を考えると，

$$f^{-1}(\{1\}) = E, \ f^{-1}(\{-1\}) = O, \ f^{-1}(\{0, 1, 2\}) = E$$

である．

例 2.5 実数全体の集合 $\mathbb{R}$ の上で関数 f を

$$f(x) = \frac{1}{x^2}$$

で定義することを考えよう．$x = 0$ のときに $1/x^2$ が定義できないことから，定義域を $\mathbb{R}$ 全体にはできない．関数 f の定義域は，分母が 0 にならないところであるから $X = \{x \in \mathbb{R} \mid x \neq 0\}$ であり，値域は像 $f(X) = \{x \in \mathbb{R} \mid x > 0\}$ を含む集合である．

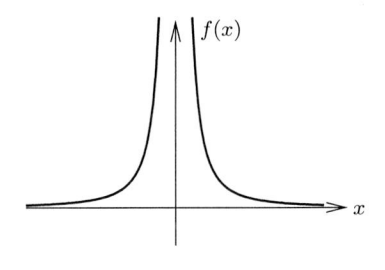

図 2.1　$f(x) = \frac{1}{x^2}$ のグラフ

2.2 写像のグラフ

関数 $f : \mathbb{R} \to \mathbb{R}$ のグラフは xy 平面上に $x \in \mathbb{R}$ をいろいろ動かして，それらの点 $(x, f(x))$ の動きを描いたものであった．高校までで学んだように，関数のグラフの概形を考えることは関数の性質を調べるうえで重要である．またグラフが与えられるとそこからその関数がどのような対応になっているかを読み取ることもできる．

一般の集合の間の写像の場合，関数の場合のようにグラフを図示することは難しいが，次のように考える．集合 X, Y の間の写像 $f : X \to Y$ のグラフ (graph) とは直積集合 $X \times Y$ の部分集合

$$G(f) = \{(x, f(x)) \mid x \in X\}$$

と定義する．集合 X, Y がそれぞれ $\mathbb{R}$ の部分集合の場合，$G(f) = \{(x, f(x))\}$ は，平面 $\mathbb{R} \times \mathbb{R}$ 上の点の集合となる．つまり，我々が通常「グラフ」と呼んでいる図形となるのである．

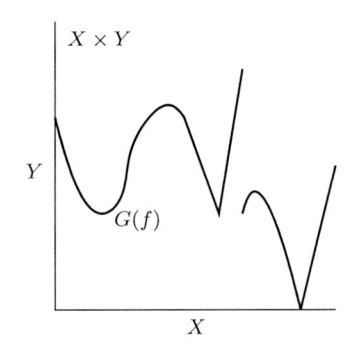

図 2.2 グラフの一例
線が $G(f)$ をあらわす $X \times Y$ 上の点の集合．

例 2.6 グラフ $G(f)$ も厳密に定義すれば

$$G(f) = \{(x, y) \mid x \in X, y = f(x)\}$$

である．したがって，任意の (a, b) に対し，

2.2 写像のグラフ

$$(a,b) \in G(f) \Leftrightarrow a \in X \wedge b = f(a)$$

が成り立つ．

ここで，写像のグラフの性質について考えてみよう．写像 $f: X \to Y$ のグラフ $G(f) \subset X \times Y$ において，

$$(x,y),(x,y') \in G(f) \to y = y'$$

が成立する．なぜならば，

$$(x,y) \in G(f) \Rightarrow y = f(x).$$

同様に

$$(x,y') \in G(f) \Rightarrow y' = f(x).$$

したがって

$$y = f(x) = y'.$$

ゆえに，$(x,y),(x,y') \in G(f) \to y = y'$ が成立する．

逆に直積集合 $X \times Y$ の部分集合 G でこの条件，つまり，

$$\forall x \in X, y, y' \in Y((x,y),(x,y') \in G \to y = y') \tag{2.1}$$

が成立するものを考えよう．このとき任意の x に対して $(x,y) \in G$ となる $y \in Y$ が存在するとは，限らないことに注意しよう．そこで X の部分集合 A を

$$A = \{x \in X \mid \exists y \in Y((x,y) \in G)\}$$

と定義する．つまり，Y の要素 y が存在して $(x,y) \in G$ となる X の要素全体が A である．このとき A の要素 $x \in A$ に対して，$(x,y) \in G$ となる $y \in Y$ を対応させることにより，G は A から Y への写像 $f: A \to Y$ を定めている．実際，条件

$$(x,y),(x,y') \in G \to y = y'$$

より，$x \in A$ に対しては $f(x)$ はただ1つ存在する．また，G は f のグラフになっている．

例 2.7 グラフ $G \subset \mathbb{R} \times \mathbb{R}$ を

$$G = \{(x,y) \in \mathbb{R} \times \mathbb{R} \mid y = x^2\}$$

と定義しよう．このとき，$(x,y) \in G \Rightarrow y = x^2$，かつ $(x,y') \in G \Rightarrow y' = x^2$

が成立する．よって $y = x^2 = y'$ となり，$(x,y), (x,y') \in G \to y = x^2 = y'$ が成立する．また任意の $x \in \mathbb{R}$ に対して $y = x^2$ とおけば，$(x,y) \in G$ である．したがって，この G は関数 $f : \mathbb{R} \to \mathbb{R}$ を定める．その関数は $f(x) = x^2$ である．

ここで部分集合 $G \subset X \times Y$ が写像を定義するための条件 (2.1) を満たさない場合を考えてみよう．すなわち，$(x,y), (x,y') \in G \land y \neq y'$ を満たす X の要素 $x \in X$ が存在する場合である．

例 2.8 集合 $G \subset \mathbb{R} \times \mathbb{R}$ を
$$G = \{(x,y) \in \mathbb{R} \times \mathbb{R} \mid x^2 + y^2 = 1\}$$
と定義する．

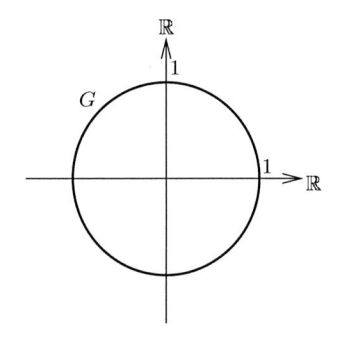

図 2.3 グラフにならない集合 G

この G に対しては，グラフの条件 (2.1) は成立しない．実際，任意の $x \in \mathbb{R}$ に対して，y に関する 2 次方程式 $y^2 + x^2 = 1$ が実数解を持つための条件は $x \in [-1, 1]$ である．さらにもし $x \neq \pm 1$ ならば，2 次方程式 $y^2 + x^2 = 1$ は異なる 2 つの解を持つ．したがって，x に y を対応させることを考えると，同じ x に関して符号の異なる 2 つの y を対応させることになる．すなわち，$x \neq \pm 1$ ならば $(x,y) \in G \land (x,-y) \in G$ であるので，グラフの条件 (2.1) を満たさない場合が存在するのである．ただし，この場合はグラフ G' を
$$G' = \{(x,y) \in \mathbb{R} \times \mathbb{R} \mid x^2 + y^2 = 1,\ y \geq 0\}$$

と定義することができる．その場合には G' は $[0,1]$ 上の関数 $f(x) = \sqrt{1-x^2}$ を定める．

上の例の G の場合，$x \in X$ に対して定まる Y の要素が複数あるということになる．したがってこれは X から Y への写像 (のグラフ) ではないが，入力と出力のルールという意味では定まっている．このように X に要素を1つ入力して1つとは限らない Y の要素を出力する場合，これを X から Y への**対応** (correspondence) と呼ぶことにする．

例 2.9 グラフ G が次のように与えられる写像を考える．
 (1) $G_1 = \{(x,x) \mid x \in X\} \subset X \times X$.
 (2) $G_2 = \{(x,y_0) \mid x \in X\} \subset X \times Y$. ここで $y_0 \in Y$ はあらかじめ指定された Y の要素．
 (3) $G_3 = \{((x,y),x) \mid x \in X, y \in Y\} \subset (X \times Y) \times X$.
 (4) $G_4 = \{((x,y),y) \mid x \in X, y \in Y\} \subset (X \times Y) \times Y$.
これらはどのような写像かを見てみよう．

 (1) グラフ $G_1 = \{(x,x) \mid x \in X\}$ が与える対応は，X の要素 x に対して x 自身を対応させるものである．この写像は X の**恒等写像** (identity map) と呼ばれている．本書では id_X という記号であらわすことにする．

 (2) グラフ $G_2 = \{(x,y_0) \mid x \in X\}$ で与えられる対応は，X の要素 x に対してある決められた要素 y_0 を対応させるものである．この写像を，X から Y への，y_0 に値をとる**定値写像** (constant map) という．

 (3) 直積集合 $X \times Y$ から X への写像でグラフが $G_3 = \{((x,y),x) \mid x \in X, y \in Y\} \subset (X \times Y) \times X$ で与えられるものは対 (x,y) に対し，その1番目の要素 x を対応させる写像である．これを $X \times Y$ から X への自然な**射影** (projection) と呼び，本書では p_X という記号であらわす．具体的には，
$$p_X(x,y) = x$$
のように定義された関数である．

 (4) $G_4 = \{((x,y),y) \mid x \in X, y \in Y\}$ で与えられる写像は $X \times Y$ の要素 (x,y) に対して y を対応させる写像である．これを $X \times Y$ から Y への自然な

射影と呼び，記号 p_Y であらわすことにする．

この例であげた直積集合における自然な射影
$$p_X : X \times Y \to X,\ p_Y : X \times Y \to Y$$
は，様々な写像を記述するときの基本となる．たとえば，グラフ $G \subset X \times Y$ により写像 $f : X \to Y$ が与えられているとしよう．その定義域 X は $p_X(G)$ であり，その像 $f(X)$ に対しては，$f(X) = p_Y(G)$ が成り立つ．

直感的には順序対 (a, b) の左の要素を返すのが p_X であり，右の要素を返すのが p_Y である．一方，グラフ G の要素である各順序対の左の要素だけを集めた集合が，実際に関数 f の値が定まる定義域であり，右の要素だけを集めた集合が f の像である．そのように見ると $X = p_X(G),\ f(X) = p_Y(G)$ は明らかだろう．けれどもここでは，その性質を定義に基づき厳密に証明してみる．ただし，直接証明するのではなく，一般の場合にも広げた次の定理を証明することにしよう．

定理 2.10 写像 $f : X \to Y$ のグラフを $G \subset X \times Y$ とする．任意の $A \subset X$, $B \subset Y$ に対し，次が成り立つ．
(1) $f(A) = p_Y(G \cap (A \times Y))$.
(2) $f^{-1}(B) = p_X(G \cap (X \times B))$.
とくに $A = X$ のときには $f(X) = p_Y(G)$ であり，$B = Y$ のときには $f^{-1}(Y) = p_X(G)$，すなわち $X = p_X(G)$ である．

証明 ここでは参考のため，(1) だけを，集合や射影の定義と論理の計算に基づいて証明してみる．

集合 $f(A)$ と $p_Y(G \cap (A \times Y))$ が等しいことをいうには $f(A) \subset p_Y(G \cap (A \times Y))$ と $f(A) \supset p_Y(G \cap (A \times Y))$ の両方を示せばよい．

まず前者を示す．そのためには $b \in f(A)$ となる任意の b を考え，それに対して $b \in p_Y(G \cap (A \times Y))$ を導けばよい．これは次のような論理の計算で示せる (厳密には，全体を通して例 1.35 の論法を用いている)．

$b \in f(A)$

2.2 写像のグラフ

$\Rightarrow \exists x \in A(b = f(x))$ 　　　　　　　　　　(像の定義)

$\Rightarrow \exists x \in A(b = f(x) \wedge x \in X \wedge b \in Y)$ 　　　(f の定義域と値域)

$\Rightarrow \exists x \in A((x,b) \in G \wedge b \in Y)$ 　　　(G が f のグラフより)

$\Rightarrow \exists x(x \in A \wedge (x,b) \in G \wedge b \in Y)$

$\Rightarrow \exists x((x,b) \in G \wedge (x \in A \wedge b \in Y))$

$\Rightarrow \exists x((x,b) \in G \wedge (x,b) \in (A \times Y))$ 　　　($\times$ の定義)

$\Rightarrow \exists x((x,b) \in G \cap (A \times Y))$ 　　　($\cap$ の定義)

$\Rightarrow \exists x((x,b) \in G \cap (A \times Y) \wedge b = p_Y(x,b))$ 　　　(p_Y の定義)

$\Rightarrow \exists (x,y)((x,y) \in G \cap (A \times Y) \wedge b = p_Y(x,y))$

$\Rightarrow \exists (x,y) \in G \cap (A \times Y)(b = p_Y(x,y))$

$\Rightarrow b \in p_Y(G \cap (A \times Y))$. 　　　(像の定義)

次に $f(A) \supset p_Y(G \cap (A \times Y))$ の証明であるが,やはり $b \in p_Y(G \cap (A \times Y))$ となる任意の b に対して,$b \in f(A)$ を示せばよい.実は,上の論理の計算は,すべて逆方向も成り立つので,ほぼ同様の証明で $b \in f(A)$ が導ける. 　□

この証明のように,完全に論理の計算に基づいて証明するのは大変である.数学といえども,通常はもっと簡略化し,文章を使って証明をしている.たとえば,上の証明に対し,次のような証明が「適度に簡略化した (ただし十分に厳密な) 証明」といえるだろう.

別証明 (1) ここでは,$f(A) \subset p_Y(G \cap (A \times Y))$ を証明する.そこで任意の $b \in f(A)$ を考え,それに対して $b \in p_Y(G \cap (A \times Y))$ を示す.まず,

$b \in f(A) \Rightarrow b = f(a)$ となる $a \in A$ が存在

　　　$\Rightarrow (a,b) \in G \wedge (a,b) \in A \times Y$ 　　　(G は f のグラフより)

　　　$\Rightarrow (a,b) \in G \cap (A \times Y)$

が得られる.一方,$p_Y(a,b) = b$ である.つまり,

$$\exists c \in G \cap (A \times Y)(b = p_Y(c))$$

が成り立っている (実際に $c = (a,b)$ がその例).よって像の定義から $b \in p_Y(G \cap (A \times Y))$ である.$f(A) \supset p_Y(G \cap (A \times Y))$ の証明も同様にできる.

(2) 今度は $f^{-1}(B) \supset p_X(G \cap (X \times B))$ の証明を考えよう. そのために, $a \in p_X(G \cap (X \times B))$ となる任意の a を考え, $a \in f^{-1}(B)$ を導く.

まず, $a \in p_X(G \cap (X \times B))$ なので, 像の定義から, $a = p_X(a',b)$ となる要素 $(a',b) \in G \cap (X \times B)$ が存在する. ただし, $p_X(a',b) = a'$ なので, $a = p_X(a',b)$ となるためには $a' = a$ でなければならない. つまり, ある b が存在して, $(a,b) \in G \cap (X \times B)$ となる.

この b に対して, まず $(a,b) \in G$ であり, G が f のグラフであることから, $b = f(a)$ が成り立つ. 一方, $(a,b) \in X \times B$ なので直積 × の定義から, $b \in B$ である. すなわち, $f(a) = b \in B$ となる. よって逆像の定義より, $a \in f^{-1}(B)$ である. □

今後は, あえて強調する場合を除き, このような簡略化された証明を使っていくことにする.

次に射影の像に関する基本的な性質をまとめておこう.

定理 2.11 2つの部分集合 $S, T \subset X \times Y$ を考える. 射影 $p_X : X \times Y \to X$, $p_Y : X \times Y \to Y$ に対して以下の関係が成り立つ.
(1) $S \subset T$ ならば $p_X(S) \subset p_X(T)$.
(2) $S \subset T$ ならば $p_Y(S) \subset p_Y(T)$.
(3) $p_X(S \cup T) = p_X(S) \cup p_X(T)$.
(4) $p_Y(S \cup T) = p_Y(S) \cup p_Y(T)$.
(5) $p_X(S \cap T) \subset p_X(S) \cap p_X(T)$.
(6) $p_Y(S \cap T) \subset p_Y(S) \cap p_Y(T)$.

証明 ここでは, (1), (3), (5) を証明してみよう. その他の証明は, ほとんど同じなので章末問題とする.

(1) 少々大げさだが, 証明したい文は「仮定ならば結論」という構造をしている. これについては第1章でも述べたように, 仮定から結論を (論理の計算により) 導き出せばよい.

目標は $p_X(S) \subset p_X(T)$ なので, 任意の a を考え, $a \in p_X(S) \Rightarrow a \in p_X(T)$ を示す. まず, $a \in p_X(S)$ から出発すると, 以下のように

$$a \in p_X(S) \Rightarrow \exists (x,y) \in S(a = p_X(x,y)) \qquad \text{(像の定義)}$$
$$\Rightarrow \exists (x,y) \in S(a = x) \qquad \text{(p_X の定義)}$$
$$\Rightarrow \exists y((a,y) \in S)$$

となる.ここで,仮定 $S \subset T$ より,$(a,y) \in S \Rightarrow (a,y) \in T$ であることを用いて,議論を続けると

$$\Rightarrow \exists y((a,y) \in T)$$
$$\Rightarrow \exists (x,y) \in T(a = p_X(x,y)) \qquad \text{(上の論法の逆)}$$
$$\Rightarrow a \in p_X(T) \qquad \text{(像の定義)}$$

のように導ける.

(3) ここでは2つの集合の要素となる条件が同値であることを示すことで,集合が等しいことを示そう.まず任意の a に対し,それが $p_X(S \cup T)$ の要素となる条件を考えると

$$\exists y((a,y) \in S \cup T)$$

である.これに対して

$$\exists y((a,y) \in S \cup T) \Leftrightarrow \exists y((a,y) \in S \vee (a,y) \in T)$$
$$\Leftrightarrow \exists y((a,y) \in S) \vee \exists y((a,y) \in T)$$
$$\Leftrightarrow a \in p_X(S) \vee a \in p_X(T)$$

のように計算できる.最後は $a \in p_X(S) \cup p_X(T)$ の条件 (と同値) である.

(5) 任意の $a \in p_X(S \cap T)$ に対しては,p_X の定義から,

$$\exists y((a,y) \in S \cap T)$$

が成り立つ.これから

$$\exists y((a,y) \in S \cap T) \Rightarrow \exists y((a,y) \in S \wedge (a,y) \in T)$$
$$\Rightarrow \exists y((a,y) \in S) \wedge \exists y((a,y) \in T)$$
$$\Rightarrow a \in p_X(S) \wedge a \in p_X(T)$$

が導ける.この最後から $a \in p_X(S) \cap p_X(T)$. よって $p_X(S \cap T) \subset p_X(S) \cap p_X(T)$. □

射影に対して証明された事実はさらに一般の写像に対して成立する.ここで

逆像まで含めてまとめておこう．

定理 2.12 f を X から Y への写像，A, B は X の部分集合，S, T は Y の部分集合とする．
 (1) $A \subset B$ ならば $f(A) \subset f(B)$．
 (2) $f(A \cup B) = f(A) \cup f(B)$．
 (3) $f(A \cap B) \subset f(A) \cap f(B)$．
 (4) $f(X \setminus A) \supset f(X) \setminus f(A)$．
 (5) $S \subset T$ ならば $f^{-1}(S) \subset f^{-1}(T)$．
 (6) $f^{-1}(S \cup T) = f^{-1}(S) \cup f^{-1}(T)$．
 (7) $f^{-1}(S \cap T) = f^{-1}(S) \cap f^{-1}(T)$．
 (8) $f^{-1}(Y \setminus S) = X \setminus f^{-1}(S)$．
 (9) $f^{-1}(f(A)) \supset A$．
 (10) $f(f^{-1}(S)) \subset S$．

証明 以下 (1), (2), (9) のみを証明する．(3)–(8), (10) も同様に証明できるので章末問題とする．
 (1) ここでは $A \subset B$ を仮定して $f(A) \subset f(B)$ を導く．これを 2 通りの方法で示そう．
 まず最初の証明．$a \in f(A)$ を任意にとると
$$a \in f(A) \Rightarrow \exists x \in A (a = f(x))$$
$$\Rightarrow \exists x (x \in A \land a = f(x)).$$
そこで，b を $b \in A \land a = f(b)$ を満たす要素とし，議論を進めると
$$b \in A \land a = f(b) \Rightarrow b \in B \land a = f(b) \quad (仮定 A \subset B より)$$
$$\Rightarrow \exists x (x \in B \land a = f(x))$$
$$\Rightarrow \exists x \in B (a = f(x))$$
$$\Rightarrow a \in f(B).$$
ゆえに任意の a で $a \in f(A) \Rightarrow a \in f(B)$ が導けた．よって $f(A) \subset f(B)$．
 今度はグラフを用いた写像の定義から証明してみる．射影という特別な写像

の場合に成立している事実に帰着されることに注意してほしい．

写像 f がグラフ $G \subset X \times Y$ で与えられているとしよう．ここで
$$f(A) = p_Y(G \cap (A \times Y)),$$
$$f(B) = p_Y(G \cap (B \times Y))$$
である．一方
$$A \subset B \Rightarrow G \cap (A \times Y) \subset G \cap (B \times Y)$$
が成立する．したがって，定理 2.11(1) より，
$$f(A) = p_Y(G \cap (A \times Y))$$
$$\subset p_Y(G \cap (B \times Y)) = f(B).$$

(2) これまでの結果を使うと次のような等式変形による証明もできる．
$$\begin{aligned}
f(A \cup B) &= p_Y(G \cap ((A \cup B) \times Y)) \\
&= p_Y(G \cap ((A \times Y) \cup (B \times Y))) &\text{(例題 1.49)} \\
&= p_Y((G \cap (A \times Y)) \cup (G \cap (B \times Y))) &\text{(定理 1.56)} \\
&= p_Y(G \cap (A \times Y)) \cup p_Y(G \cap (B \times Y)) &\text{(定理 2.11(4))} \\
&= f(A) \cup f(B).
\end{aligned}$$

(9) 証明するべきことは $f^{-1}(f(A)) \supset A$ である．したがって任意の a を考え，$a \in A \Rightarrow a \in f^{-1}(f(A))$ を証明すればよい．まず，像の定義に立ち戻って考えると
$$a \in A \Rightarrow f(a) \in f(A)$$
が成り立つ．一方，逆像の定義から
$$f(a) \in f(A) \Rightarrow a \in f^{-1}(f(A))$$
である．よって目標が示せた． □

この定理 (9) の等号は一般には成り立たない．たとえば，2 次関数 $f(x) = x^2$ を考えよう．$f^{-1}(f(\{1\})) = \{1, -1\} \neq \{1\}$ となり，等号は成り立たない．

関数の場合，平面上に描かれたグラフの幾何学的な性質から対応としての関数の性質を読み取ることができる．同様に写像 f の性質はここで定義した意味でのグラフから読み取ることが可能である．次の節でもう一度写像の性質を集合としてのグラフの性質として見ていく．

2.3 写像の性質

例 2.13 指数関数 $f(x) = e^x$, および関数 $g(x) = \sqrt{x}$ は様々なところで用いられる関数である[*1)]. $f(x)$ は実数全体 $\mathbb{R}$ から $\mathbb{R}$ への関数であり, $g(x)$ は区間 $[0, \infty)$ から $\mathbb{R}$ への関数である. このとき, 関数 u, v, w を次のように定義する.

(1) $f(x)$ を用いて自然数 $n \in \mathbb{N}$ に対して $u(n) = e^n$ と定義される関数 $u : \mathbb{N} \to \mathbb{R}$.

(2) $g(x)$ を用いて
$$v(x) = \begin{cases} \sqrt{x}, & x \geq 0 \text{ のとき}, \\ 0, & x < 0 \text{ のとき} \end{cases}$$
と定義される関数 $v : \mathbb{R} \to \mathbb{R}$.

(3) $f(x), g(x)$ を用いて $w(x) = \sqrt{e^x}$ と定義される関数 $w : \mathbb{R} \to \mathbb{R}$.

これらの関数について見てみよう.

(1) 関数 u のように, 定義域のみを指数関数 f の定義域 $\mathbb{R}$ から部分集合 $\mathbb{N}$ に制限し, 対応としては同じもので与える関数を, 指数関数の制限写像という. 一般に, 写像 $h : X \to Y$ の定義域 X の部分集合 A の要素にのみ, h と同じ要素を対応させている写像を, h の A への**制限写像** (restriction) と呼び, $h|_A$ とあらわす. この例では $u = f|_\mathbb{N}$ である.

(2) 関数 v は, 関数 g の定義域では g と同じ値をとり, そのうえで, g の定義域以外の範囲でも値が定義されている. このような関数を g の拡張という. v から見ると g は v の制限写像になっている. このように, 写像 $q : A \to Y$ に対して, A への制限が q となる $X \supset A$ 上の写像 $p : X \to Y$ を, 写像 q の X への**拡張** (extension) と呼ぶ. 先の f も $u : \mathbb{N} \to \mathbb{R}$ の $\mathbb{R}$ への拡張である.

(3) w のように, 2つの写像 $f : \mathbb{R} \to (0, \infty)$ と $g : [0, \infty) \to \mathbb{R}$ を, 順次組み合わせて得られる写像を f と g の合成写像という. 一般に, $f : X \to Y$ と $g : Y \to Z$ に対し, $x \in X$ なる要素を $g(f(x))$ へと対応させる写像を**合成写像** (composite map) といい, $g \circ f$ とあらわす.

[*1)] 本書では e は自然対数の底 $\lim_{n \to \infty} (1 + 1/n)^n = 2.71828\ldots$ とする.

3つの写像 $f: X \to Y$, $g: Y \to Z$, $h: Z \to W$ が与えられたときに，これら3つの写像の合成を考える．このとき f, g, h の合成のしかたに2つの方法がある．1つはまず h と g の合成 $h \circ g$ を考え，それを f と合成する $(h \circ g) \circ f$ として考える方法．もう1つは g と f の合成 $g \circ f$ を先に考え，それを h と合成する $h \circ (g \circ f)$ として考える方法．これらに関しては次が成立する．

定理 2.14 任意の写像 $f: X \to Y$, $g: Y \to Z$, $h: Z \to W$ に対して，$(h \circ g) \circ f = h \circ (g \circ f)$ が成立する．

証明 左辺の写像 $(h \circ g) \circ f$ が，$x \in X$ に対して何を対応させるか考えてみよう．この対応では，まず f により，$x \in X$ を $f(x)$ に対応させ，この $f(x) \in Y$ に $h \circ g$ を適用させている．一般に y に対して写像 $h \circ g : Y \to W$ を適用すると，y を $g(y) \in Z$ へ，そしてこれが h で $h(g(y)) \in W$ へと対応させられる．したがって，それを $f(x)$ へと適用すると，$h(g(f(x)))$ が得られる．

一方，右辺の写像 $h \circ (g \circ f)$ を考えると，これも x を $h(g(f(x)))$ へ対応させる写像になっている．以上より，$(h \circ g) \circ f = h \circ (g \circ f)$ が成立する． □

この定理における性質，
$$(h \circ g) \circ f = h \circ (g \circ f)$$
を写像の合成に関して結合法則が成立するという．結合法則が成立することから3個以上の写像の合成
$$f_n \circ f_{n-1} \circ \cdots \circ f_2 \circ f_1$$
に関しても，合成する順序 (括弧の付け方) によらずにそれは定まることがわかる．

全射と単射 写像 $f: X \to Y$ を考えるときは値域 Y は必ずしも f の像 $f(X)$ と一致しているとは限らなかった．この2つが集合として一致しているとき，すなわち，
$$\forall y \in Y \exists x \in X (y = f(x))$$
となるとき，写像 f は**全射** (surjection) であるという．全射は，また，Y の上への (onto) 写像とも呼ばれている．

一方，写像 $f : X \to Y$ において，X の要素 x, x' が $x \neq x'$ ならば必ず $f(x) \neq f(x')$ が成立するとき，論理式で表現すると
$$\forall x, x' \in X(x \neq x' \to f(x) \neq f(x'))$$
が真であるとき，写像 f は**単射** (injection) であるという．このとき写像 f は，**1 対 1** (one-to-one) であるともいう．単射の条件は対偶を考えれば
$$\forall x, x' \in X(f(x) = f(x') \to x = x')$$
となる．議論によっては，この形のほうが都合のよいことも多い．

写像 $f : X \to Y$ が全射であり，かつ単射であるときに，f は**全単射** (bijection) であるという．

例 2.15 次のような関数 $f : \mathbb{R} \to \mathbb{R}$ をそれぞれ定義する．
 (1) $f(x) = 2x + 1$．
 (2) $f(x) = x^2$．
 (3) $f(x) = x^3$．
これらの関数がそれぞれ全射か，単射かを調べみよう．

(1) 1次関数 $f(x) = 2x + 1$ の単射性をいうには，任意の x, x' に対し，$f(x) = f(x')$ から $x = x'$ を導けばよい．これは，次のように示せる．
$$f(x) = f(x') \Rightarrow 2x + 1 = 2x' + 1 \Rightarrow x = x'$$
続いて全射性
$$\forall y \in \mathbb{R}, \exists x \in \mathbb{R}(y = f(x)) \tag{2.2}$$
を示す．そこで任意の $y \in \mathbb{R}$ を考える．これに対し $x = (y-1)/2$ とすると $y = 2x + 1$ になる．つまり，
$$\exists x(y = 2x + 1) \Rightarrow \exists x(y = f(x))$$
である．ここで y は任意であったので，目標の式 (2.2) が示せた．

(2) 2次関数 $f(x) = x^2$ は全射でも単射でもない．なぜなら，まず $y < 0$ に対しては $x^2 = y$ となる x は (実数上では) 存在しないので全射ではない．また $f(1) = f(-1) = 1$ となるので単射ではない．

(3) この3次関数は全単射となる．まず単射であることは次のように示せる．
$$f(x) = f(x') \Rightarrow x^3 = x'^3$$

$$\Rightarrow x^3 - x'^3 = 0$$
$$\Rightarrow (x - x')(x^2 + xx' + x'^2) = 0$$
$$\Rightarrow (x - x')\left(\left(x + \frac{x'}{2}\right)^2 + \frac{3}{4}x'^2\right) = 0$$
$$\Rightarrow x - x' = 0 \Rightarrow x = x'.$$

また任意の $y \in \mathbb{R}$ に対して,$y = x^3$ となる実数 x,すなわち実数 y の 3 乗根はつねに存在するので,$y = f(x)$ を満たす x は存在する.したがって $f(x) = x^3$ は全射である.

定理 2.16 2 つの写像 $f : X \to Y$,$g : Y \to Z$ に対して
 (1) 写像の合成 $g \circ f$ が単射ならば,f は単射.
 (2) 写像の合成 $g \circ f$ が全射ならば,g は全射.

証明 (1) 関数 f の単射性をいうために,任意の x, x' を固定し,$f(x) = f(x')$ から $x = x'$ を導こう.まず,g がどのような関数でも
$$f(x) = f(x') \Rightarrow g(f(x)) = g(f(x'))$$
は成り立つので,$f(x) = f(x')$ から $g(f(x)) = g(f(x'))$ が得られる.
 一方,$g \circ f$ が単射という仮定から,
$$g(f(x)) = g(f(x')) \to x = x'$$
は真.したがって,先の $g(f(x)) = g(f(x'))$ とあわせれば $x = x'$ が導ける (正確には例題 1.16 の論法).つまり,
$$f(x) = f(x') \Rightarrow x = x'$$
が示せた.
 (2) g が全射であること,すなわち
$$\forall z \in Z, \exists y \in Y(z = g(y))$$
を示す.そこで任意の $z \in Z$ を考える.$g \circ f$ が全射という仮定から,$z = g \circ f(x) = g(f(x))$ となる $x \in X$ が存在する.そこで $y = f(x)$ とおくと,$z = g(y)$ となるので,$\exists x(z = g(x))$ が示せた.ゆえに g は全射.□

 ここで写像の全射・単射をグラフの言葉を用いて記述できることを見ておこう.

例題 2.17 次の 2 つの条件は同値であることを証明せよ.
  (1) 写像 $f : X \to Y$ が単射.
  (2) 写像 f のグラフ $G(f)$ に含まれる任意の 2 つの要素 $(x, y), (x', y')$ に対して, $y = y'$ ならば $x = x'$ である.

解答 まず, (1) から (2) が導かれることを示す. そこで, $G(f)$ の任意の 2 つの要素 $(x, y), (x', y')$ を考える. すると, $(x, y) \in G(f), (x', y') \in G(f)$ なので, グラフの定義から $y = f(x)$ かつ $y' = f(x')$ が成り立つ. ここで $y = y'$ とすると, f の単射性から $x = x'$ が導ける.

逆に (2) から (1) を示す. 任意の x, x' に対し, $f(x) = f(x')$ と仮定する. ここで y, y' を, 各々 $y = f(x), y' = f(x')$ と定義すると, グラフの定義から $(x, y) \in G(f)$ かつ $(x', y') \in G(f)$ であり, しかも, 仮定から $y = y'$ である. したがって (2) より, $x = x'$ が導ける. すなわち, 任意の x, x' に対し, $f(x) = f(x') \to x = x'$ が成立するので f は単射である. ∎

実数上の関数 $y = f(x)$ の (図としての) グラフを描いたとき, x 軸と平行な, どのような直線に対しても, グラフと交わらないか, 交わる場合はただ 1 点のみであることと, 関数 $f(x)$ が単射であることが同値である. この例題は, その事実の一般化である. 全射に関しても同じようにして, 次が成立することがわかる.

例題 2.18 次の 2 つの条件は同値であることを証明せよ.
  (1) 写像 $f : X \to Y$ が全射.
  (2) 任意の要素 $y \in Y$ に対して, ある $x \in X$ が存在して $(x, y) \in X \times Y$ は写像 f のグラフ $G(f)$ に含まれる.

解答 論理式と定義に基づいて考えると明確になる. (2) を論理式で記述すると
$$\forall y \in Y, \exists x \in X ((x, y) \in G(f))$$
である. ということは, (1) ⇔ (2) は,
$$\forall y \in Y, \exists x \in X (y = f(x)) \Leftrightarrow \forall y \in Y, \exists x \in X ((x, y) \in G(f))$$
であるが, これはグラフ $G(f)$ の定義より成り立つ. ∎

2.3 写像の性質

逆写像 写像 $f: X \to Y$ が全単射であるとする．このとき Y のどの要素 y に対しても，$f(x) = y$ となる X の要素 x がただ 1 つ存在する．x の存在は f の全射性により，それがただ 1 つであることは単射性による．別の言い方をすれば，1 つの要素からなる集合 $\{y\} \subset Y$ の逆像 $f^{-1}(\{y\})$ が空集合ではなく，しかもつねにただ 1 つの要素 x からなる．これを $y \in Y$ から $x \in X$ への対応と考えると，Y から X への写像を定めるので，$f^{-1}: Y \to X$ とあらわしこれを f の**逆写像** (inverse map) と呼ぶ．これは関数における逆関数を写像の場合へと一般化したものである．

写像 f が全単射でない場合，1 点からなる部分集合 $\{y\}$ の逆像 $f^{-1}(\{y\})$ は集合として意味を持つが，1 点とは限らないので，必ずしも写像としては定まらない．

なお，$f^{-1}(y)$ は「逆写像の値」と「1 点の逆像」の両方の意味で用いられることに注意しておく．

例題 2.19 関数 $f, g: \mathbb{R} \to \mathbb{R}$ をそれぞれ $f(x) = 2x + 1$, $g(x) = x^n$ (ただし n は正の奇数) で定義する．このとき，f の逆関数は $f^{-1}(x) = (1/2)x - 1/2$ であり，g の逆関数は $g^{-1}(x) = \sqrt[n]{x}$ である．これらを示せ．

解答 $y = 2x + 1$ とおき x に関して解くと $x = (1/2)y - 1/2$. したがって $f^{-1}(x) = (1/2)x - 1/2$. また $y = x^n$ とおき x に関して解くと $x = \sqrt[n]{y}$ より，$g^{-1}(x) = \sqrt[n]{x}$. なお，関数 g は，n ごとに決まる関数であり，n が偶数のときは単射にならないこと (例 2.15) に注意しよう． ∎

写像 $f: X \to Y$ が単射ではあるが，全射ではないとき，値域を像 $f(X)$ と取り替えて，写像 $f: X \to f(X)$ と見なせば f は全単射となり，逆写像 $f^{-1}: f(X) \to X$ を考えることができる．

グラフの言葉で逆写像を見ておこう．写像 $f: X \to Y$ のグラフを $G \subset X \times Y$ とする．このとき X と Y の順序を入れ替える写像 $r: X \times Y \to Y \times X$

$$r(x, y) = (y, x)$$

を考える．この写像 r による G の像 $r(G) \subset Y \times X$ を G' とする．もしも G が全単射 f を与えるならば，$G' = r(G)$ も Y から X への写像を与え，しかも

それが全単射となることがわかる．その証明については章末問題とする．

例題 2.20 実数 $\mathbb{R}$ 上の関数 $f(x) = x^2$ について，それが全単射となる定義域と値域を求めよ．またその定義域において逆関数を求めよ．ただし，定義域はなるべく大きくとる．

解答 例 2.15 にも示したように，この関数 f は $\mathbb{R}$ 上では全射ではない．けれども値域を $[0,\infty)$ と取り直し，$\mathbb{R}$ から $[0,\infty)$ への写像と考えると，これは全射となる．また $x^2 = (-x)^2$ なので，f は単射ではない．しかし今度は定義域を $[0,\infty)$ に制限して考えるとこれは単射となる．よって，関数 f を $[0,\infty)$ へ制限した写像 $g = f|_{[0,\infty)}$ は，値域も $[0,\infty)$ と考えると全単射である．このとき，$h(x) = \sqrt{x}$ が，その逆関数となる．∎

例題 2.21 実数全体を定義域とする関数 $f(x) = e^x$ は，どのように見れば全単射になるかを考えよ．また，全単射になる場合に，その逆関数が対数関数 $g(x) = \log(x)$ であることを示せ[*2)]．

解答 e^x の形であらわされる実数は正の実数であるから，関数 f を $f: \mathbb{R} \to \mathbb{R}$ と考えるとこれは全射ではない．しかし，値域を正の実数 $(0,\infty)$ と取り直し，$f: \mathbb{R} \to (0,\infty)$ と考えると，これは全射である．一方，$f(x) = e^x$ は単調増加関数である．つまり，$x < x'$ ならば $f(x) < f(x')$ が成立する．よって $x \neq x'$ ならば $f(x) \neq f(x')$ が成立するので，関数 f は単射である．以上より，f は $\mathbb{R}$ から $(0,\infty)$ への全単射を与える．このとき $\log(e^x) = x$ がすべての実数 x で成立するので，$f(x)$ の逆関数は対数関数 $g(x) = \log(x)$ である．∎

定理 2.22 2 つの集合 X と Y の間に単射 $f: X \to Y$ が存在すれば，全射 $g: Y \to X$ で $g \circ f = id_X$ が存在する．

証明 X の中に任意に 1 つ要素 a をとり，以下の議論で固定して考える．写像

[*2)] 本書では $\log(x)$ は底 e の自然対数をあらわす．

$g: Y \to X$ を次のように定義する．$y \in Y \setminus f(X)$ に対しては $g(y) = a$ と定める．$y \in f(X)$ に対しては写像 f は単射であるから，$f(x) = y$ となる $x \in X$ がただ 1 つ存在するので，$g(y) = x$ として定義する．つまり，

$$g(y) = \begin{cases} a, & y \in Y \setminus f(X) \text{ のとき,} \\ f^{-1}(y), & y \in f(X) \text{ のとき} \end{cases}$$

と定義する．こうすると，任意の $x \in X$ に対して，$y = f(x) \in Y$ をとれば，$g(y) = x$ となる．つまり，$\forall x \in X, \exists y \in Y (g(y) = x)$．したがって，写像 $g: Y \to X$ は全射である． □

これとは反対に写像 $f: X \to Y$ が全射であるならば，単射 $g: Y \to X$ で $f \circ g = id_Y$ となるものは存在するであろうか？ 素朴に考えれば正しいように思われる．すなわち，写像 f が全射であるという仮定から，各 $y \in Y$ に対して，$f^{-1}(y)$ は空集合ではない．$f^{-1}(y)$ の中から要素を 1 つ取り出し，それを y に対応させれば，写像 $g: Y \to X$ が定義される．これが目標の単射になっている．

この議論は誤りではない．しかし，実はここには微妙な問題が潜んでいる．写像の対応関係には，あらかじめルールが決められていなければならなかった．しかし，上記の写像 h の対応関係では，そのルールが明確ではない．もしも Y が有限集合ならば実は問題ない．すべての y に関してそれぞれの行き先を決めて，それによって写像は確定するからである．しかし Y が無限集合の場合は，有限の手順で「すべて」の $y \in Y$ に対する行き先を決めることができないからだ．無限個の要素の行き先を，つねに明確に決められるかどうかという問題になる．これに関しては選択公理の節で触れることにする．

2.4 濃　　度

運動会で昔から紅白の玉入れという競技がある．競技の終了後，どちらが多いか少ないかをはっきりさせるために，「1つ，2つ，3つ，$\ldots$」という掛け声にあわせて玉を投げていく．

これは紅玉と白玉，それぞれの集合から正の整数の集合 $\{1, 2, 3, \ldots\}$ へ写像を作っている，と見ることもできる．そして，紅玉の集合からの写像と白玉の

集合からの写像の像 (= 玉の個数) を比較していることになる．また，これは紅玉の集合から白玉の集合への (あるいはその逆向きの) 写像を作っているとみることもできる．

一般の集合同士を比較する場合も，その基本はこの玉入れと同じである．つまり 1 組ずつ組にしていくということである．2 つの集合 X と Y の要素を 1 つずつ組にしていくということは，X から Y への写像を考えるということに対応している．そしてこの写像による対応が全単射，すなわち，X と Y の要素を 1 つずつ，1 つももれなく組にすることができるとき，X と Y の「個数」は等しいということができる．ここで「個数」と括弧付きで書いているのは，無限集合では通常の意味での個数というものは意味を持たないからである．しかし写像を用いて個数の一般化である集合の濃度という概念を，次のように定義することができる．

X, Y を集合とする．X から Y への全単射が存在するとき，X と Y が同じ**濃度** (cardinality) をもつ (あるいは濃度が等しい) という．また，X から Y への単射が存在するとき，X の濃度は Y の濃度以下であるという．また，「以下」と「以上」の通常のいい方にしたがい，Y の濃度は X の濃度以上である，と言い換えてもよいことにする．

以下，集合 X の濃度を $\#X$ とあらわすことにする．濃度は数ではないが，この表示のもとで

(1) X, Y の濃度が等しいとき，$\#X = \#Y$，

(2) X の濃度は Y の濃度以下であるとき，$\#X \leq \#Y$

などと個数であるかのように，記述することにする．2 番目の $\#X \leq \#Y$ は，$\#Y \geq \#X$ と書いてもよいことにする．また，

$$(\#X \leq \#Y) \wedge (\#X \neq \#Y)$$

のとき，X の濃度は Y の濃度より真に小さい (Y の濃度は X の濃度より真に大きい) といい，$\#X < \#Y$ とあらわすことにする．

濃度の比較をあらわす方法として，$\#X = \#Y$ や $\#X \leq \#Y$ という書き方を紹介したが，通常の等号や大小関係ではない点に注意しておこう．たとえば，等号関係であれば

$$\#X = \#Y \wedge \#Y = \#Z \to \#X = \#Z \tag{2.3}$$

という関係は，当然，成り立つように思える．しかし，それは当たり前ではなく，定義から証明しなくてはならないのである．

例題 2.23 任意の集合 X, Y, Z に対し，式 (2.3) の関係が真であることを示せ．

解答 $\#X = \#Y \wedge \#Y = \#Z$ を仮定し，$\#X = \#Z$ を導く．

定義より，$\#X = \#Y$ から，全単射 $f : X \to Y$ が存在すること，また，$\#Y = \#Z$ から，全単射 $g : Y \to Z$ が存在することがいえる．このとき2つの全単射の合成写像 $g \circ f$ は，X から Z への全単射である．したがって，$\#X = \#Z$ が成立する． ∎

単射の合成も単射であるから，この解答と同様の論法で，
$$\#X \leq \#Y \wedge \#Y \leq \#Z \to \#X \leq \#Z$$
が成り立つことが証明できる．

実は，このように議論していくと，濃度を比較するための $=$ や $\leq$ に対し，通常の等号や大小関係と同じような性質を持つことが証明できる．通常の記号と同じように使えるのだ．ただし「当然」ではない．とくに，
$$\#X \leq \#Y \wedge \#Y \leq \#X \to \#X = \#Y$$
が成立することは明らかではないことに注意しておこう．これを保証するのがあとで述べるベルンシュタインの定理である．

濃度という概念は「個数」を無限集合まで議論できるように拡張したものである．では，無限集合同士で「個数」，すなわち濃度が異なる例があるのだろうか？　その代表例として「冪集合」を考えよう．与えられた集合 X に対して，その集合 X の部分集合全体を X の冪集合 (power set) と呼び，2^X とあらわす．

例 2.24 $X = \{a, b\}$ のとき，具体的に 2^X を求めてみよう．2^X は X のすべての部分集合からなる集合であるから，2つの要素 a, b からできるすべての組合せを考えることになる．すなわち，
$$2^X = \{\emptyset, \{a\}, \{b\}, \{a, b\}\}$$
である．ここで空集合 $\emptyset$ も X の部分集合として考えることに注意しよう．

2^X の要素数は 4 だが，その理由を少し考えてみよう．X の部分集合を考えるとき，その要素 a, b の各々に対して，次のように，入れる (○)，入れない (×) と選択すると 1 つの部分集合ができる．

a	×	○	×	○
b	×	×	○	○
	⇓	⇓	⇓	⇓
	$\emptyset$	$\{a\}$	$\{b\}$	$\{a, b\}$

すべての要素で 2 通りの選択があるので，$2^2 = 4$ 通りの部分集合が存在する．一般に，要素数 n 個の集合 X に対し，2^X の要素数は 2^n 個である．この個数の関係から，集合 X に対して，その冪集合を 2^X と記号であらわすようになったのだろう．

上の例でも説明したように，集合 X が n 個の要素からなる有限集合の場合，その冪集合 2^X の要素は全部で 2^n 個であり，したがって X より 2^X の「個数」は大きい．これを厳密にいえば，$\#X < \#2^X$ が成り立つ．というのも，要素数の少ない集合から大きい集合へは単射が定義できるが，全単射は存在しないからだ．これは有限集合の場合だが，実は無限集合も含め，一般の集合に対しても，この関係が成立するのである．

定理 2.25 任意の集合 X に対して，その冪集合 2^X の濃度は X の濃度より真に大きい．すなわち，次の関係が成立する．
$$\#X < \#2^X.$$

証明 集合 X が有限集合である場合はすでに上で述べた．よって X が無限集合の場合を考える．X の要素 x に対して $\{x\}$ を対応させることにより，X から 2^X への写像が定まる．これは単射なので，濃度の定義から $\#X \leq \#2^X$ が成立する．

以下では $\#X \neq \#2^X$ を背理法を用いて証明する．そこでまず，
$$\#X = \#2^X$$
が成立すると仮定しよう．言い換えると，X から 2^X へ全単射 $f : X \to 2^X$ が

存在したと仮定する．ここで X の部分集合として
$$A = \{x \in X \mid x \notin f(x)\}$$
を考える．A は X の部分集合だから，当然 $A \in 2^X$ である．一方，f は全射であるから，$f(a) = A$ となる $a \in X$ が存在する．以下，この a に注目して議論する．

もし $a \in A$ ならば，
$$a \in A \Rightarrow a \in f(a) \quad (A = f(a) \text{ なので})$$
$$\Rightarrow a \notin A \quad (A \text{ の定義から})$$
となり矛盾が導かれる．同様に $a \notin A$ からも
$$a \notin A \Rightarrow a \notin f(a) \quad (A = f(a) \text{ なので})$$
$$\Rightarrow a \in A \quad (A \text{ の定義から})$$
のように矛盾が得られる．どちらの場合も矛盾が導かれるので，X から 2^X への全単射は存在しない．ゆえに，$\#X \neq \#2^X$ である． □

たとえば，自然数全体の集合 $\mathbb{N}$ に対して，その冪集合 $2^{\mathbb{N}}$ は，$\mathbb{N}$ より真に濃度が大きい．さらにその冪集合をとるという操作を考えていくと，濃度のいくらでも大きい集合を構成することができる．ひとことに無限集合といっても濃度の観点から見るとそこに様々な無限が存在しているのである．

有限，可算，非可算　今まで有限集合，無限集合という言葉を何も断らずに使ってきた．しかし「無限個の要素が存在する」という表現は数学的に厳密な表現になっていない．ここで写像の言葉を用いてその定義を確認しておこう．

空集合ではない集合 X に対して，ある自然数 n が存在して X と $\{1, 2, \ldots, n\}$ の間に全単射が存在するとき X は**有限集合** (finite set) であると呼ぶ．また，そのとき X の濃度は n である，という．ここでは空集合も有限集合として扱い，その濃度は 0 とする．一方，X が有限集合でないときに，それを**無限集合** (infinite set) という．定義から直ちにわかるように有限集合の濃度はその集合に含まれる要素の個数である．しかし，無限集合の場合にその濃度は我々の直感と単純には一致しない．そのような例としてまず，自然数 $\mathbb{N}$ の部分集合として偶数全体の集合 $\{0, 2, 4, 6, \ldots\}$ を考えよう．偶数全体の集合を $2\mathbb{N}$ とあらわす．素朴に考えれば $\mathbb{N}$ の中で $2\mathbb{N}$ はちょうど半分であるから，濃度も半分であ

ると思われる．実際そうであろうか？

例題 2.26 自然数 N と偶数全体 2N の濃度を比較せよ．

解答 写像 $f : \mathbb{N} \to 2\mathbb{N}$ を $f(n) = 2n$ と定義しよう．すなわち f は与えられた自然数を単に 2 倍する写像である．すると 2N の任意の要素は必ず $2n$ の形にあらわされるので，f は全射である．

さらに $m \neq n$ ならば $2m \neq 2n$ であるから，写像 f は単射である．よって f は全単射となり，N と 2N の濃度は等しいことがわかる． ∎

同じような論法で，奇数全体の集合も同様に自然数全体と濃度が等しいことが示される．つまり，自然数全体 N も，偶数全体 2N も，さらには奇数全体 $\mathbb{N} \setminus 2\mathbb{N}$ も，すべて同じ濃度なのである．これは有限集合では成り立たないことであり，単純な直感にはあわないかもしれない．無限集合の不思議，とでもいえるだろう．そのような性質をもう少しくわしく見ていこう．

自然数と同じ濃度を持つ集合を**可算集合** (countable set) と呼び，その濃度を可算濃度と呼ぶ．可算濃度を $\aleph_0$ という記号であらわす．これはアレフゼロと読む．X を可算集合とすると，その定義から，全単射 $f : \mathbb{N} \to X$ が存在する．$f(n) = a_n$ と書くことにすると，この集合 X は
$$X = \{a_0, a_1, a_2, \ldots, a_n, \ldots\}$$
とあらわすことができる．すなわち，可算集合はその集合の要素に自然数で番号付けすることができる．逆にいうと，順番に 1 列に並べることができる集合が可算集合である．

定理 2.27 無限集合の濃度は可算濃度以上である．このことから，無限集合は必ず可算集合を部分集合として含むこともいえる．

証明 集合 X を無限集合とする．X の要素 x_0 をとり，その補集合を $X_1 = X \setminus \{x_0\}$ とおく．X は無限集合であるから X_1 は無限集合であり，空集合ではない．よって $x_1 \in X_1$ を選ぶことができ，$X_2 = X_1 \setminus \{x_1\}$ とおく．X_2 は無限集合であるから，この操作をさらにどこまでも続けていくことができて，X の

無限部分集合 $A = \{x_0, x_1, x_2, \ldots\}$ を選び出すことができる．この部分集合 A に対し，自然数 $\mathbb{N}$ から自然な全単射 $f(n) = x_n$ が存在する．したがって A は可算集合であり，X は可算集合を部分集合として持つ．一方，この f は $\mathbb{N}$ から X への単射でもあるので，X の濃度は $\mathbb{N}$ 以上，すなわち可算濃度以上である． □

　この証明では実は選択公理と呼ばれるものを暗に用いている．ここではそれについては深入りせず，2.6節でくわしく述べることにする．

　この定理が示すように，無限集合で濃度が最小なものが可算集合である．そこで，濃度が可算濃度以下の集合，すなわち有限集合または可算集合を**たかだか可算**な集合と呼ぶ．一方，自然数の濃度より大きい濃度を持つ集合を**非可算集合** (uncountable set) と呼び，その濃度を非可算濃度と呼ぶ．非可算集合は可算集合のように番号付けをすることができない．$2^{\mathbb{N}}$ がその代表例である．

　可算集合の性質を，もう少し見てみよう．

定理 2.28　X を可算集合，$A \subset X$ をその有限部分集合とする．このとき $X \setminus A$ は可算集合である．

証明　X は可算集合であるから
$$X = \{x_0, x_1, x_2, \ldots\}$$
とあらわされる．一方，A は有限集合なので，その要素数を n とする．ここで，X の要素の番号を付け替えることによって，
$$A = \{x_0, x_1, x_2, \ldots, x_{n-1}\}$$
としてよい．したがって，$X \setminus A = \{x_n, x_{n+1}, x_{n+2}, \ldots\}$ とあらわせる．これに対して，$f(i) = x_{n+i}$ と定義すると，f は $\mathbb{N}$ から $X \setminus A$ への全単射となる．ゆえに $X \setminus A$ は可算集合である． □

　この定理は次のように一般化される．

定理 2.29　X を無限集合，A をその部分集合で，たかだか可算な集合とする．このとき，$X \setminus A$ もまた無限集合であるならば，$X \setminus A$ と X の間に全単射が存在する．すなわち $X \setminus A$ と X の濃度は等しい．

証明 $B = X \setminus A$ とおき,X から B への全単射の存在を証明する.ポイントは,X の要素のうち A の要素を $B = X \setminus A$ へ,どのように対応付けるかである.

仮定から $B = X \setminus A$ は無限集合である.そこで B は可算部分集合 C を含む.$A \cup C$ は (たかだか) 可算集合と可算集合の合併集合であるから,可算集合であり $A \cup C$ から C への全単射 $f : A \cup C \to C$ が存在する (章末問題参照).これを用いて $A \cup C$ の要素は C へ,その他の要素は $B \setminus C$ へ対応させる.つまり,$g : X \to B$ を,次のように定義するのである.

$$g(x) = \begin{cases} f(x), & x \in A \cup C \text{ のとき}, \\ x, & \text{そのほかのとき}. \end{cases}$$

この g が X から $B = X \setminus A$ への全単射であることを示そう.まず,$A \cup C$ 上で単射であることは f の単射性からいえる.一方,$X \setminus (A \cup C)$ 上では g は恒等写像なので明らかに単射.あとは $x \in A \cup C$ と $x' \in X \setminus (A \cup C)$ に対し,$g(x) \neq g(x')$ を示せばよい.これは $g(x) \in C$ であり,$g(x') \in X \setminus (A \cup C)$ (つまり,$g(x') \notin C$) から導ける.

次に全射性について示す.任意の $b \in B$ を考える.もし $b \in C$ の場合には $a = f^{-1}(b) \in A \cup C$ である.そうでない場合 ($b \in B \setminus C = X \setminus (A \cup C)$ の場合) には $a = b$ とすれば,$g(a) = b$ となる.したがって $\forall y \in B, \exists x \in X (g(x) = b)$ が成り立つ. □

以上のように,無限集合 X が X と濃度の等しい部分集合 A を含み,さらにそれを除いた集合 $X \setminus A$ も同じ濃度である場合があり得る.だから $\mathbb{N}$ と $2\mathbb{N}$,さらには $\mathbb{N} \setminus 2\mathbb{N}$ のすべての濃度が等しくても間違いではなかったのである.

またこの定理から,次の定理が容易に証明される.

定理 2.30 X を無限集合,Y をたかだか可算な集合とすると,$X \cup Y$ と X の濃度は等しい.

証明 $Z = (X \cup Y) \setminus X$ とおくと $Z \subset Y$ であり,Z もたかだか可算集合である.したがって定理 2.29 より,$X \cup Y$ と $(X \cup Y) \setminus Z$ の濃度は等しい.一方,$(X \cup Y) \setminus Z = X$ なので,$X \cup Y$ と X の濃度は等しい. □

例題 2.31 可算集合の直積集合 $X_1 \times X_2$ は可算集合であることを証明せよ.

解答 2つの全単射 $f_1 : X_1 \to \mathbb{N}$, $f_2 : X_2 \to \mathbb{N}$ を用いて次のような写像 $F : X_1 \times X_2 \to \mathbb{N} \times \mathbb{N}$ を定義する.
$$F(x_1, x_2) = (f_1(x_1), f_2(x_2)).$$
このとき F は全単射となるので, $\mathbb{N} \times \mathbb{N}$ が可算集合であることを証明すれば十分である. $\mathbb{N} \times \mathbb{N}$ の要素に $\mathbb{N}$ の大小関係を用いて
 (1) $x_1 + x_2 < x_1' + x_2'$ ならば $(x_1, x_2) < (x_1', x_2')$,
 (2) $x_1 + x_2 = x_1' + x_2'$ かつ $x_1 < x_1'$ ならば $(x_1, x_2) < (x_1', x_2')$
と大小関係を定めることができる. この大小関係のもとで $\mathbb{N} \times \mathbb{N}$ の要素を小さい方から
$$(0,0), (0,1), (1,0), (0,2), (1,1), (2,0), \ldots$$
と順番に並べていく. この順番で $0, 1, 2, \ldots$ と対応させれば, これは $\mathbb{N} \times \mathbb{N}$ から $\mathbb{N}$ への全単射を与える. よって $\mathbb{N} \times \mathbb{N}$ は可算集合である. ∎

このことを繰り返していけば, 可算集合の3個以上の直積集合も可算集合であることがわかる. また空でない有限集合と可算集合の直積も可算集合であることも同様に証明される.

数の集合の濃度 これまでの議論の具体的なイメージを得るために, 実際に我々に身近な数の集合の濃度について考えてみよう.
 まず, 自然数の集合 $\mathbb{N}$ の濃度は定義より可算である. 例にもあげたが, 偶数の集合, 奇数の集合のような無限部分集合も可算集合である. 逆に少し大きな集合として整数や有理数の集合を考えても, 以下に示すように可算集合になる (有理数の集合の濃度については後の例題 2.38 参照).

例題 2.32 整数 $\mathbb{Z}$ は可算集合であることを証明せよ.

解答 整数 $\mathbb{Z}$ の要素を
$$0, 1, -1, 2, -2, \ldots$$
の順に並べていく. この順番に並べることは, $f(2k) = -k$, $f(2k+1) = k+1$

とあらわすことができるが，この $f : \mathbb{N} \to \mathbb{Z}$ は，全単射になっている．よって整数全体の集合 $\mathbb{Z}$ は可算集合である． ∎

一方，定理 2.25 より，$2^{\mathbb{N}}$ の濃度は可算濃度より真に大きく非可算である．ただし，$2^{\mathbb{N}}$ はいくぶん人工的である．それに対し，実数の集合は，実際の数の集合で非可算集合となるものの代表例といえるだろう．

定理 2.33 開区間 $(0, 1)$ の濃度は可算濃度より真に大きい．

証明 開区間 $(0, 1)$ は無限集合であり，実際，可算濃度以上であることも容易に示せる．そこで $(0, 1)$ の濃度が可算濃度でないことを背理法で証明する．

仮に自然数 $\mathbb{N}$ から $(0, 1)$ への全単射 $p : \mathbb{N} \to (0, 1)$ が存在したとする．ここで各 $n \in \mathbb{N}$ に対する $p(n)$ の値を $p(n) = 0.a_0^{(n)} a_1^{(n)} a_2^{(n)} \ldots$ と無限小数の形であらわそう．ただし，0.1 は $0.1000\ldots$ と $0.0999\ldots$ の 2 種類のあらわし方があるが，ここでは $0.0999\ldots$ と無限個 9 を付けてあらわすと約束をする．

このとき $b = 0.b_0 b_1 b_2 \ldots$ を次のように構成しよう．$a_n^{(n)}$ が偶数ならば $b_n = 1$，奇数ならば $b_n = 2$ と定義するのである．ここで，$0.b_0 b_1 b_2 \ldots$ は，あるところから無限に 9 が続く形ではないので，2 種類のあらわし方があるような値には対応しないことに注意する．

この b は $(0,1)$ に属する実数なので，p の全射性の仮定から $p(c) = b$ となる自然数 $c \in \mathbb{N}$ が存在する．つまり，

$$p(c) = 0.a_0^{(c)} a_1^{(c)} a_2^{(c)} \ldots = 0.b_0 b_1 b_2 \ldots = b$$

表 2.1　対角線論法

b	$= 0.0\underline{1}1\ldots 001\underline{0}0\ldots$
$p(0)$	$= 0.1\underline{2}1\ldots 38761\ldots$
$p(1)$	$= 0.8\underline{8}1\ldots 02016\ldots$
	$\vdots$
$p(n)$	$= 0.573\ldots 4\underline{3}879\ldots$
$p(n+1)$	$= 0.200\ldots 61\underline{4}63\ldots$
$p(n+2)$	$= 0.412\ldots 680\underline{5}1\ldots$
	$\vdots$

b の n 桁目の値は $p(n)$ の n 桁目（下線部分）の偶奇によって定まる．

である．しかし，b の定義から $a_c^{(c)} \neq b_c$ となるはずで，これは矛盾．よって $(0,1)$ の濃度は可算濃度よりも真に大きい． □

この証明で述べた論法は対角線論法と呼ばれている．反例となる b を，ちょうど対角線で異なるように定義しているからである．

例題 2.34 自然数 $\mathbb{N}$ の部分集合全体からなる $\mathbb{N}$ の冪集合 $2^{\mathbb{N}}$ が可算集合でないことを，対角線論法により示せ．

解答 これは定理 2.25 の $X = \mathbb{N}$ の場合であるが，もう一度証明してみよう．背理法で証明する．もしも $2^{\mathbb{N}}$ が可算集合であったと仮定すると，$2^{\mathbb{N}}$ は
$$2^{\mathbb{N}} = \{A_0, A_1, A_2, \ldots, A_n, \ldots\}$$
のように番号を付けてあらわすことができる．このとき $\mathbb{N}$ の部分集合 B を次のように定義する．自然数 n がもし A_n に含まれていたら $n \notin B$ とし，n が A_n に含まれていなかったら $n \in B$ とする．すなわち，
$$B = \{n \in \mathbb{N} \mid n \notin A_n\}$$
と定義する．

この集合 B は $2^{\mathbb{N}}$ の要素であるから，$B = A_m$ となる $m \in \mathbb{N}$ が存在する．この m に関して，もし $m \in A_m$ ならば $m \notin B = A_m$ となり，一方でもし $m \notin A_m$ ならば $m \in B = A_m$ となり，いずれの場合も矛盾が生じる．ゆえに $2^{\mathbb{N}}$ は非可算集合である． ∎

A_m が n を含むか否か，B が n を含むか否かの関係を表で示すと，次のようになる．

	0	1	2	3	4	$\cdots$
B	○	○	×	○	×	$\cdots$
A_0	×	×	○	×	×	$\cdots$
A_1	○	×	○	○	○	$\cdots$
A_2	×	○	○	×	○	$\cdots$
A_3	○	○	×	×	×	$\cdots$
$\vdots$	$\vdots$	$\vdots$	$\vdots$	$\vdots$	$\vdots$	$\ddots$

○は含む，×は含まないことをあらわす．

この表から，上の証明が対角線論法のかたちをしていることがわかる.

実数全体 $\mathbb{R}$ は開区間 $(0,1)$ を含むから非可算濃度になるのは当然であるが，実際には，開区間 $(0,1)$ と同じ濃度であることも示せる.

例題 2.35 開区間 $(0,1)$ の濃度は実数全体 $\mathbb{R}$ の濃度と等しい.

解答 $\tan(\pi x - \pi/2)$ は $(0,1)$ から $\mathbb{R}$ への全単射を与える (章末問題参照). したがって濃度は等しい. ∎

これより実数全体 $\mathbb{R}$，あるいは開区間 $(0,1)$ の濃度は可算濃度よりも大きく，これらは非可算集合であることがわかった．実数全体の濃度と同じ濃度を**連続濃度** (cardinality of the continuum) と呼び，$\aleph$ という記号 (アレフと読む) を用いてあらわす.

自然数全体の集合 $\mathbb{N}$ の濃度が $\aleph_0$ であった．また，我々は $2^\mathbb{N}$ は非可算濃度であることを知っている．一方，実数全体 $\mathbb{R}$ の濃度 $\aleph$ も非可算濃度である．実は，$2^\mathbb{N}$ の濃度は $\mathbb{R}$ の濃度 $\aleph$ と等しいことを示すことができる．この証明については，2.5 節で述べることにしよう.

カントール集合の濃度 ※ ここではカントール集合を紹介し，集合の濃度というものが人間の直感と必ずしも一致しないことを見てみよう.

閉区間 $C_0 = [0,1]$ を考えよう．定理 2.33 の証明で見た通り，C_0 に含まれる 0, 1 以外の数は $0.x_0 x_1 x_2 \ldots$ と無限小数の形であらわされる．つまり，10 進展開を考えることにより，無限級数を用いて

$$\frac{x_0}{10} + \frac{x_1}{10^2} + \frac{x_2}{10^3} + \cdots$$

とあらわすことができる．ここで $x_0, x_1, x_2, \ldots$ は 0 から 9 までの整数の列である.

そこで今度は 3 進展開することを考えてみよう．C_0 に含まれる数は

$$\frac{x_0}{3} + \frac{x_1}{3^2} + \frac{x_2}{3^3} + \cdots$$

と無限級数であらわすことができる．ここで $x_0, x_1, x_2, \ldots$ は 0, 1, 2 からなる数列である.

カントール集合 (Cantor set) とは，C_0 の中で 3 進展開

$$\frac{x_0}{3} + \frac{x_1}{3^2} + \frac{x_2}{3^3} + \cdots$$

であらわしたとき，$x_1, x_2, x_3, \ldots$ が 0 または 2 のみをとる (すなわち数字 1 を含まない) 数の全体に等しい．このカントール集合を以下では C とあらわすことにする．

　このカントール集合は，厳密には次のように定義できる．まず，0 または 1 を無限に並べた列 $d_0, d_1, d_2, \ldots$ を **2 進無限列**と呼び，(d_n) とあらわすことにする．なお，添え字 n の範囲は自然数 $\mathbb{N} = \{0, 1, 2, \ldots\}$ とする．このような 2 進無限列 $d = (d_n)$ に対し，それから定まる 3 進展開

$$\sum_{n=0}^{\infty} \frac{2d_n}{3^{n+1}}$$

がカントール集合 C の要素を与える．よって 2 進無限列全体を $D = \{(d_n) \mid d_n \in \{0, 1\}\}$ とおき，写像 $f : D \to C_0$ を

$$f(d) = \sum_{n=0}^{\infty} \frac{2d_n}{3^{n+1}}$$

と定義すると，f の像がカントール集合 C である．

　このカントール集合 C は次のような操作を $C_0 = [0, 1]$ に対して無限回おこなうことによっても得られる．区間 $C_0 = [0, 1]$ を 3 等分して，真ん中の $(1/3, 2/3)$ を除いた区間

$$C_1 = \left[0, \frac{1}{3}\right] \cup \left[\frac{2}{3}, 1\right]$$

を作る．次に C_1 の各区間の中央を除いて区間

$$C_2 = \left[0, \frac{1}{9}\right] \cup \left[\frac{2}{9}, \frac{1}{3}\right] \cup \left[\frac{2}{3}, \frac{7}{9}\right] \cup \left[\frac{8}{9}, 1\right]$$

を作る．以下，同様にして区間の列 (C_n) を構成する．このとき

$$C_0 \supset C_1 \supset \cdots \supset C_n \supset C_{n+1} \supset \cdots$$

が満たされていることがわかる．カントール集合 C はこれら無限個の区間の列の共通部分

$$C = \bigcap_{n=0}^{\infty} C_n$$

としても定義されるのである (章末問題参照)．

　さて，各 C_n は長さ $(1/3)^n$ の小区間 2^n 個からなるため，その長さの総和は $(1/3)^n \times 2^n = (2/3)^n$ である．ところが任意の $n \geq 0$ に対して $C \subset C_n$ より，

C の長さの総和は $\lim_{n\to\infty}(2/3)^n = 0$ である．すなわち C は $C_0 = [0,1]$ の中で「限りなくやせた」集合である．

このように「限りなくやせた」C の要素は $C_0 = [0,1]$ の中で圧倒的に少ないように感じられ，$\#C_0 > \#C$ のように思われる．実際この C の濃度はどうなるであろうか？ 実は次が知られている．

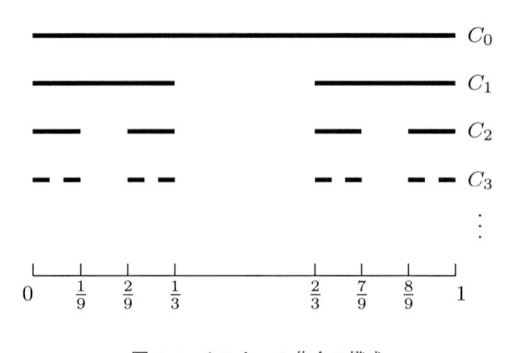

図 2.4 カントール集合の構成

定理 2.36 カントール集合 C の濃度は連続濃度 $\aleph$ である．

証明 区間 $(0,1)$ の濃度は連続濃度 $\aleph$ であるが，カントール集合 C が $(0,1)$ と同じ濃度であることを示す．

カントール集合 C は，先に述べた関数 f と 2 進無限列の全体集合 D によって $C = f(D)$ と定義される．この関数 f は D から C への全射であるが，また同時に単射にもなっている（証明は省略）．したがって，その逆写像 f^{-1} が定義でき，それは C から D への全単射になる．

一方，D と $(0,1)$ の濃度は同じであり（例題 2.39 参照），D から $(0,1)$ への全単射が存在するので，それをここでは g とする．すると，合成写像 $g \circ f^{-1}$ は，カントール集合 C から $(0,1)$ への全単射になる．よって C と $(0,1)$ の濃度は等しい． □

$\mathbb{R}$ の上には自然に数の大小関係や距離の概念がある．実際，実数直線として 1 本の線として実数を表現した瞬間に実数とはきちんと 1 列に整列しつながっ

ている集合と見える．しかしここで構成した C から $(0,1)$ への全単射は，そこに見えている自然な構造をまったく無視して作られるものである．そのために我々の直感だけでは理解できない面が出てくるのかもしれない．

2.5 ベルンシュタインの定理 ※

濃度の大小関係が自然な大小関係であるためには，任意の集合 X, Y の間に
$$\#X \leq \#Y \wedge \#Y \leq \#X \to \#X = \#Y$$
という関係が成り立っていなければならない．それを保証したのが次に示す**ベルンシュタインの定理** (Bernstein's theorem) である．

2 つの集合 X, Y の濃度が実際に等しいことを証明するためには，X, Y の間に全単射を構成する必要がある．しかし，このことは一般には難しい．しかしベルンシュタインの定理を使えば，より弱い条件である単射性を，X から Y へと Y から X へ 2 つ示せば，その組合せにより全単射の存在を保証できるのである．

定理 2.37 (ベルンシュタインの定理) 2 つの集合 X, Y の間にそれぞれ単射 $f : X \to Y, g : Y \to X$ が存在するならば，X と Y の濃度は等しい．すなわち，$\#X \leq \#Y, \#Y \leq \#X$ ならば，$\#X = \#Y$ が成立する．

証明 集合 X と集合 Y の間に両方向にそれぞれ単射が存在するならば，X と Y の間に全単射が存在することを証明する．もし写像 g が全射であれば g 自身が全単射となり定理は成立する．よって，以下では g は全射ではないと仮定する．

写像 g は全射ではないので $X \setminus g(Y)$ は空集合ではない．そこでまず $X_0 = X \setminus g(Y)$ とおく．さて，写像 g の値域を制限して，Y から $X \setminus X_0$ への写像として考えると全単射であるから，この写像をあらためて g とあらわし，$g : Y \to X \setminus X_0$ の逆写像 $g^{-1} : X \setminus X_0 \to Y$ が定義できる．それを簡単のため $\hat{g}^{-1}$ とあらわす．この $\hat{g}^{-1}$ を用いて f を全単射になるように修正をしていく．

そのために，まず
$$f(X_0) = Y_1, \; g(Y_1) = X_1, \; f(X_1) = Y_2, \; g(Y_2) = X_2,$$

$$\ldots,$$
$$\ldots, f(X_{m-1}) = Y_m,\ g(Y_m) = X_m, \ldots,$$
と X, Y の部分集合族 $\{X_m\}$, $\{Y_m\}$ を定める．

最初に集合 X を X_0 と $X \setminus X_0$ の合併 $X_0 \cup (X \setminus X_0)$ と考え，写像 $h_0 : X_0 \cup (X \setminus X_0) \to Y$ を次のように定義する．
$$h_0(x) = \begin{cases} f(x), & x \in X_0 \text{ のとき}, \\ \hat{g}^{-1}(x), & x \in X \setminus X_0 \text{ のとき}. \end{cases}$$
この写像 h_0 は全射となる (章末問題参照)．したがって，この写像 h_0 がもし単射であるならば証明は終わる．しかし残念なことにそうはならない．ここで $x_0 \in X_0$ に対して $x_1 = g \circ f(x_0) \in X_1$ とおくと
$$h_0(x_0) = f(x_0) = \hat{g}^{-1}(g(f(x_0))) = \hat{g}^{-1}(x_1) = h_0(x_1)$$
となる．$X_0 \cap X_1 = \emptyset$ より $x_0 \neq x_1$ であるから，写像 h_0 は単射ではない．

そこで $X = (X_0 \cup X_1) \cup (X \setminus (X_0 \cup X_1))$ と考えて写像 $h_1 : X = (X_0 \cup X_1) \cup (X \setminus (X_0 \cup X_1)) \to Y$ を
$$h_1(x) = \begin{cases} f(x), & x \in X_0 \cup X_1 \text{ のとき}, \\ \hat{g}^{-1}(x), & x \in X \setminus (X_0 \cup X_1) \text{ のとき} \end{cases}$$
と定義する．この写像 h_1 も全射であるが，$f(X_0) = Y_1 = \hat{g}^{-1}(X_1)$ であるから，h_0 と同様に単射ではないことがわかる．

次には $X_0 \cup X_1 \cup X_2$ を考えることになるが，ここでは一気に
$$X_+ = \bigcup_{i=0}^{\infty} X_i,\ Y_+ = \bigcup_{i=1}^{\infty} Y_i$$
を考えよう．すると写像の性質 (定理 2.12 の 2)) より，
$$f(X_+) = \bigcup_{i=0}^{\infty} f(X_i) = \bigcup_{i=0}^{\infty} Y_i = Y_+$$
が成立する．一方で X_+, Y_+ の補集合を
$$X_- = X \setminus X_+,\ Y_- = Y \setminus Y_+$$
とおくと g の単射性から $g(Y_-) = g(Y) \setminus g(Y_+)$ が成立する．さらに右辺は
$$g(Y) \setminus g(Y_+) = (X \setminus X_0) \setminus g(Y_+)$$

2.5 ベルンシュタインの定理 ※

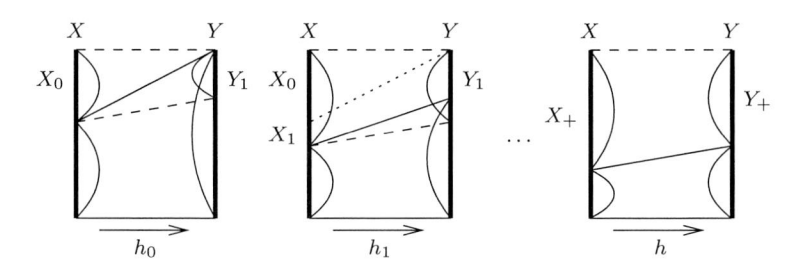

図 2.5 全単射の構成

$$= X \setminus \left(X_0 \cup g \left(\bigcup_{i=1}^{\infty} Y_i \right) \right) = X \setminus \left(\bigcup_{i=0}^{\infty} X_i \right) = X \setminus X_+$$

と変形できるので，結局 $g(Y_-) = X_-$ が成立する．

一方 2 つの写像

$$f|_{X_+} : X_+ \to Y_+, \quad g|_{Y_-} : Y_- \to X_-$$

は全単射である．そこで写像 $h : X \to Y$ を

$$h(x) = \begin{cases} f(x), & x \in X_+ \text{ のとき}, \\ \hat{g}^{-1}(x), & x \in X_- \text{ のとき} \end{cases}$$

と定義すれば写像 h は全単射となり定理が証明された． □

この定理の利用例を 2 つ紹介しよう．最初は有理数全体が可算集合であることを示す．

例題 2.38 有理数 $\mathbb{Q}$ は可算集合であることを証明せよ．

解答 任意の有理数 r は $p \in \mathbb{Z}, q \in \mathbb{N} \setminus \{0\}$ を用いて，既約分数 p/q の形に一意的にあらわすことができる．そこで写像 $f : \mathbb{Q} \to \mathbb{Z} \times \mathbb{N}$ を，各有理数 $r \in \mathbb{Q}$ に対して次のように定めよう．

$$f(r) = (p, q)$$

ただし，$p \in \mathbb{Z}, q \in \mathbb{N}, r = \dfrac{p}{q}$ かつ p, q は互いに素．

この写像は，$\mathbb{Q}$ から $\mathbb{Z} \times \mathbb{N}$ への単射となる．したがって，$\mathbb{Q}$ の濃度は $\mathbb{Z} \times \mathbb{N}$ 以下である．一方，可算集合の直積集合は可算集合なので (例題 2.31)，$\mathbb{Q}$ の濃

度は可算濃度以下となる．

一方で，$\mathbb{N} \subset \mathbb{Q}$ なので，$\mathbb{N}$ から $\mathbb{Q}$ へは恒等写像を考えれば単射となる．したがって $\mathbb{Q}$ の濃度は可算濃度以上である．よってベルンシュタインの定理より，有理数全体 $\mathbb{Q}$ の濃度は可算濃度である． ■

次は自然数の冪集合 $2^{\mathbb{N}}$ と実数全体 $\mathbb{R}$ との濃度の比較である．まずは準備として，2 進無限列全体 $D = \{(d_n) \mid d_n \in \{0,1\}\}$ と開区間 $(0,1)$ の関係を考えてみよう．

例題 2.39 2 進無限列全体 $D = \{(d_n) \mid d_n \in \{0,1\}\}$ と開区間 $(0,1)$ の濃度が等しいことを示せ．

解答 数の 2 進展開を考えると，任意の実数 $x \in (0,1)$ は適当な $d = (d_n) \in D$ を用いて

$$x = \sum_{n=0}^{\infty} \frac{d_n}{2^{n+1}}$$

と表現できる．しかし，残念ながらこれは一意ではない．$0.01010000\ldots$ と $0.01001111\ldots$ のように 2 通りのあらわし方が存在するからである．

そこで，2 進展開が一意になるように，次のような D の部分集合 D_k ($k \in \mathbb{N}$) と E を定義する．

$$D'_0 = \{(d_n) \mid d_n = 0\},$$
$$D_k = \{(d_n) \mid d_n \in \{0,1\} \, (n \in \{0,\ldots,k-1\}),\, d_n = 1 \, (n \geq k)\},$$
$$E = D \setminus \left(D'_0 \cup \bigcup_{k=0}^{\infty} D_k \right).$$

このようにすれば各 $x \in (0,1)$ を E の列を使って一意にあらわすことができる．具体的には関数 $f: E \to (0,1)$ を

$$f(d) = \sum_{n=0}^{\infty} \frac{d_n}{2^{n+1}}$$

とすると f は E から $(0,1)$ への全単射となる．したがって E と $(0,1)$ の濃度は等しい．

そこで残るは集合 D と E の濃度の比較である．まず，$E \subset D$ より，自然な

恒等写像 $E \to D$ を考えれば，それは単射となるので，$\#E \leq \#D$ である．一方，D から E へは，たとえば次のような写像 g を考える．
$$g((d_n)) = (d'_k), \quad \text{ただし } d'_k = \begin{cases} d_n, & k = 2n \ (n \geq 0) \text{ のとき,} \\ 0, & k \text{ が奇数のとき.} \end{cases}$$
この g は D から E への単射となる．ゆえに $\#D \leq \#E$．よってベルンシュタインの定理より $\#D = \#E$．以上より，D と $(0,1)$ の濃度が等しいことが示せた．■

次に自然数の冪集合 $2^{\mathbb{N}}$ の濃度について考えよう．実は，$2^{\mathbb{N}}$ と 2 進無限列全体 $D = \{(d_n) \mid d_n \in \{0,1\}\}$ の間には自然な対応付けが存在する．たとえば，奇数の集合 O は次のような列に対応する．

$$\begin{array}{ccccccc} d_0 & d_1 & d_2 & d_3 & d_4 & d_5 & \cdots \\ & 0 & 1 & 0 & 1 & 0 & 1 & \cdots \\ O = \{ & & 1, & & 3, & & 5, & \ldots \ \}. \end{array}$$

より正確には次のような写像 P を考えれば，2 進無限列全体 $D = \{(d_n) \mid d_n \in \{0,1\}\}$ と $2^{\mathbb{N}}$ の間の全単射になる．
$$P((d_n)) = \{n \in \mathbb{N} \mid d_n = 1\}.$$

したがって，上記の例題の系として，あるいはその例題の解答の論法を $2^{\mathbb{N}}$ を使っておこなうことで，$2^{\mathbb{N}}$ の濃度が開区間 $(0,1)$ の濃度と等しいことが示せる．一方，開区間 $(0,1)$ の濃度は実数全体の濃度（連続濃度 $\aleph$）と等しかったので，以上から次の定理が導けたことになる．

定理 2.40 自然数の冪集合 $2^{\mathbb{N}}$ の濃度は連続濃度 $\aleph$ である．

2.6 選 択 公 理 ※

さて濃度に関連して次のような問題が自然に出てくる．集合 X と Y の間に全射 $f : X \to Y$ が存在したとしよう．このとき X の濃度は Y の濃度以上で

あろうか？　素朴に考えるなら Y の任意の要素には，写像 f によりそれに対応するいくつかの X の要素が必ず存在している．そのうちの 1 つをとれば，X の「個数」は Y の「個数」以上，すなわち X の濃度は Y の濃度以上であると考えられる．

今考えていることは，次のような操作である．与えられた写像 $f : X \to Y$ において，Y の要素 y を指定すると y の逆像，$f^{-1}(y) \subset X$ が定まる．この X の部分集合 $f^{-1}(y)$ から 1 つ要素を選び出す操作を考える．各 $y \in X$ を固定すれば，対応する $f^{-1}(y)$ から 1 つ選ぶことはもちろん可能である．次々と $y \in Y$ を取り替えてこの操作を続けていけばよいはずである．これは Y が有限集合のときには何の問題もない．

しかし Y が無限集合である場合，順番に Y の要素をとって，それに対して 1 つずつ要素を取り出していくのでは，この操作はいつまでも終わりがないため，どこまで繰り返しても Y のすべての要素に対して逆像を 1 つ指定できていることにはならない．無限個の $y \in Y$ に対して，一斉に $f^{-1}(y)$ から要素を取り出すことが必要である．これが可能であることは決して明らかなことではない．

無限集合には必ず可算部分集合が存在することをすでに証明した．この証明においても，順番に 1 つずつ要素を選んでいくことにより，可算部分集合を取り出した．しかし，この操作だけではいくらでも個数の多い有限集合を選ぶことはできるが，それはどこまで行っても有限の段階に止まっており，可算集合を選び出したことにはならないのである．無限集合の場合にこれらの操作が可能であることを保証するために必要なのが選択公理である．

より一般の状況で，ここで述べているような代表を取り出す操作を写像の言葉を用いて定式化すると次のようになる．

集合 X とその冪集合 2^X を考える．空でない $A \in 2^X$ に対して，$a \in A$ を対応させる写像

$$2^X \setminus \{\emptyset\} \to X$$

を X の**選択関数** (function of choice) とよぶ．これは X の要素からなるグループに対して，それぞれの代表を選ぶことからこのように呼ばれる．今までの用語の使い方ではこれは「関数」とは呼ばずに写像と呼ぶべきだが，慣習にしたがい，ここでは選択関数と呼ぶことにする．

2.6 選択公理

繰り返しになるが，$2^X \setminus \{\emptyset\}$ の要素 A が具体的に与えられれば，その A から 1 つ X の要素を取り出すことは可能である．さらに X が有限集合の場合は，$2^X \setminus \{\emptyset\}$ も有限集合であるから，順番に $2^X \setminus \{\emptyset\}$ の要素を取り出して，そこから要素を 1 つ選び，それらをまとめることで X の選択関数が 1 つ得られる．しかし X が無限集合であるときには，$2^X \setminus \{\emptyset\}$ も無限集合である．この章の最初で関数や写像とは，具体的な要素が与えられる前に，対応のルールが与えられると述べたことを思い出してほしい．今のような構成では，X が無限集合の場合には $2^X \setminus \{\emptyset\}$ 全体で定義された選択関数を構成することはできない．具体的な選択関数の構成についていくつかの例で見てみよう．

例題 2.41 自然数全体の集合 $\mathbb{N}$ に対して，選択関数 $2^{\mathbb{N}} \setminus \{\emptyset\} \to \mathbb{N}$ を具体的に構成せよ．

解答 $2^{\mathbb{N}}$ の要素はいくつかの自然数の集まりであるから，その中にはつねに最小の数が存在する．選択関数 $2^{\mathbb{N}} \setminus \{\emptyset\} \to \mathbb{N}$ を $2^{\mathbb{N}} \setminus \{\emptyset\} \ni A$ に対して A に含まれる自然数の中で最小の数を対応させることにより構成できる． ■

例題 2.42 整数全体の集合 $\mathbb{Z}$ に対して選択関数 $2^{\mathbb{Z}} \setminus \{\emptyset\} \to \mathbb{Z}$ を具体的に構成せよ．

解答 今度は $2^{\mathbb{Z}} \setminus \{\emptyset\}$ の任意の要素 A には自然数のように最小の数が存在するとは限らない．しかし，A に含まれる整数の中で絶対値が最小の数を考えてみよう．もしそのような数が 2 つ A に含まれていれば，正の数をとると約束をすれば，選択関数 $2^{\mathbb{Z}} \setminus \{\emptyset\} \to \mathbb{Z}$ を定義することができる． ■

では，有理数全体の集合 $\mathbb{Q}$ の場合はどうであろう．この場合は $A \in 2^{\mathbb{Q}}$ は有理数の集まりであり，無限集合のこともある．たとえば，$A = [\sqrt{2}, \sqrt{3}] \cap \mathbb{Q}$ としてみよう．有理数の性質 (稠密性) から A の中で最小の数というものは存在しない．もちろん，どのような $A \in 2^{\mathbb{Q}} \setminus \{\emptyset\}$ に対しても A が具体的に与えられれば，A の要素を 1 つ取り出すことは可能だろう．しかしながら，具体的にその部分集合 A が与えられる前に，どのように 1 つの要素を取り出すかを指定

することが可能かどうかは，$\mathbb{N}$ や $\mathbb{Z}$ の場合のように明らかなことではない．ただし有理数の集合の場合には可能である (章末問題参照)．

ここまでで述べてきたことを整理してみよう．有限集合の場合は順番にやっていけばいつかは終わるので，選択関数は構成できる．無限集合の場合は，その選択関数が有限集合と同じようにやっていったのでは，いつまでも終わらないのでその構成はできないということが問題であった．ただ，無限集合でも自然数や整数の例ではその選択関数を具体的に構成できた．そこで，どのような集合に対しても，その具体的な構成はわからないまでも，選択関数の存在だけは保証しようというのが選択公理である．

U を添字集合とし，添字付けられた集合族 $(A_u)_{u \in U}$ を考える．ここではどの A_u も空集合ではなく，かつすべての A_u に対して $A_u \subset X$ となる集合 X が存在している場合のみを考える．以下では，このような集合族を**非空集合族**と呼ぶことにする．この非空集合族の合併は

$$\bigcup_{u \in U} A_u = \{x \mid \text{ある } u \in U \text{ が存在して } x \in A_u\}$$

と定義されていた．ここで，各 A_u は集合 X の部分集合であるという仮定から $\bigcup_{u \in U} A_u$ も X の部分集合となる．

このとき，写像 φ(ファイと読む)

$$\varphi : U \to \bigcup_{u \in U} A_u$$

が任意の $u \in U$ に関して $\varphi(u) \in A_u$ を満たすとき，これを集合族 $(A_u)_{u \in U}$ の**選択関数**と呼ぶ．

選択公理とは次の命題である．

選択公理 任意の非空集合族 $(A_u)_{u \in U}$ に対して選択関数が存在する．

選択公理は直積集合の言葉でも書くことができる．非空集合族 $(A_u)_{u \in U}$ の選択関数 $\varphi : U \to \bigcup_{u \in U} A_u$ を 1 つ固定すると，各 A_u の要素 $\varphi(u)$ が定まる．これらをすべて並べることにより，無限列 $(\varphi(u))_{u \in U}$ が定義できるが，これは集合族 $(A_u)_{u \in U}$ の直積集合 $\prod_{u \in U} A_u$ の要素である．逆に直積集合 $\prod_{u \in U} A_u$ の要素 $(a_u)_{u \in U}$ を 1 つとると，それをもとに $\varphi(u) = a_u$ と定義することによ

り，選択関数 φ が定まる．したがって，選択公理は次のようにあらわすことができる．

選択公理 任意の非空集合族 $(A_u)_{u \in U}$ の直積集合 $\prod_{u \in U} A_u$ は空集合ではない．

　それぞれが空集合ではない有限個の集合の直積は明らかに空集合ではない．それはそれぞれの集合から要素を取り出して，それを並べることにより明らかである．無限集合の場合にも，それぞれの集合から要素を取り出すことはできるはずである．しかし 1 つずつ順番に取り出していくのでは，そこまでで扱った有限個の集合から取り出したにすぎず，無限個の集合から要素を取り出すことができるとはいいがたい．しかしこれは当然成り立って欲しい命題である．無限個とはいえ，「空集合ではない集合の直積をとったら空集合になる」というよりは「空集合ではない」というほうが直感に近いのではないだろうか．そこでこれを公理として認めるのが選択公理である．

　無限というものを扱う数学の様々な分野において選択公理を用いて証明される命題は数多く存在する．それらは人間の直感からすると自然に思われるものも多い反面，直感からはかなりかけ離れた命題も多い．これらに関してはその他の文献を参考にされたい．

Coffee Break #2

連続体仮説

　本文中で自然数と実数に代表される2つの無限，可算濃度と連続濃度について述べた．ものの個数の一般化，自然数 N の濃度が可算濃度であった．その自然数の部分集合全体 2^{N} の濃度は可算濃度よりも大きく，実数の濃度，すなわち連続濃度と等しいことをカントールが証明した．そこで可算濃度と連続濃度の間にさらに別の濃度の無限が存在するか？　可算集合の次に濃度の大きい無限集合は連続濃度の集合か？　という自然な問いが生じる．

　「N の濃度と 2^{N} の濃度の中間の濃度は存在しない」という主張を連続体仮説という．これを肯定的に証明する努力は集合論の創始者カントール自身によって続けられたがついに成し遂げられなかった．その後もなかなか証明のできない連続体仮説やその一般化である一般連続体仮説を理解するために，これらを仮定したときに得られる様々な命題や同値な命題などについても多くの研究がおこなわれた．ヒルベルトが1900年にパリでの有名な講演で提出した23の問題の中で，第1の問題にこの連続体仮説を取り上げていることからも，その重要性が理解される．

　このあと，ゲーデルによって，連続体仮説の否定命題は現在の標準的な数学の公理系 (ZFC 公理系といわれる) からは証明ができないことが証明された．さらに，コーエンによって連続体仮説自身も同じ ZFC 公理系からは証明できないことが証明された．これにより，現在の数学の枠組みでは連続体仮説もその否定も証明できないこととなった．これは ZFC 公理系に矛盾がなければ連続体仮説が正しいとして付け加えても，否定して付け加えても，どちらにも矛盾は生じないということである．

　人間の体は非常に多くの細胞からできあがっている．しかし，所詮は有限の世界であり，無限を本質的に理解することは人間には難しいのではないかという考えを述べている本を読んだことがある．無限にかかわる数理現象で人間の通常の経験から得られる理解を超えるものの1つが連続体仮説であろう．

章末問題

11. 次のものを，関数といえるものといえないものに分類せよ．
 (1) 実数 x に対して $y = 3x^2 + 1$ を対応させる．
 (2) 有理数 x に対して x を分数 p/q であらわしたときの分母 q を対応させる．
 (3) 整数 x に対して $\sin x\pi$ を対応させる．
 (4) 実数 x に対して $\pm\sqrt{x}$ を対応させる．
 (5) 実数 x に対して方程式 $x + 1 - 1/\sqrt{y} = 0$ を満たす y を対応させる．
 (6) 実数 x に対して方程式 $y^2 + x^2 + 1 = 0$ を満たす y を対応させる．

12. 集合 $X = \{a,b,c,d\}, Y = \{x,y,z\}$ に対し，写像 $f : X \to Y$ を
$$f(a) = x,\ f(b) = z,\ f(c) = y,\ f(d) = y$$
で定義する．次の問いに答えよ．
 (1) f の値域を求めよ．
 (2) X の部分集合 $S = \{a,b\}$ に対し，$f(S)$ を求めよ．
 (3) Y の部分集合 $T = \{y,z\}$ に対し，$f^{-1}(T)$ を求めよ．

13. $X = \{a,b,c,d,e\}$ とするとき，次の問いに答えよ．
 (1) X から X への写像の個数を求めよ．
 (2) X から X への全射の個数を求めよ．また，X から X への単射の個数を求めよ．

14. Y を有限個の要素からなる集合とする．このとき，Y から Y への写像 f について，f が全射であることと f が単射であることは同値であることを示せ．

15. 2 つの部分集合 $S, T \subset X \times Y$ を考える．射影 $p_X : X \times Y \to X$, $p_Y : X \times Y \to Y$ に対して以下の事柄を証明せよ．
 (1) $S \subset T$ ならば $p_Y(S) \subset p_Y(T)$.
 (2) $p_Y(S \cup T) = p_Y(S) \cup p_Y(T)$.
 (3) $p_Y(S \cap T) \subset p_Y(S) \cap p_Y(T)$.

16. f を X から Y への写像，A, B は X の部分集合，S, T は Y の部分集合とする．次の事柄を証明せよ．
 (1) $f(A \cap B) \subset f(A) \cap f(B)$.
 (2) $f(X \setminus A) \supset f(X) \setminus f(A)$.
 (3) $S \subset T$ ならば $f^{-1}(S) \subset f^{-1}(T)$.
 (4) $f^{-1}(S \cup T) = f^{-1}(S) \cup f^{-1}(T)$.
 (5) $f^{-1}(S \cap T) = f^{-1}(S) \cap f^{-1}(T)$.
 (6) $f^{-1}(Y \setminus S) = X \setminus f^{-1}(S)$.
 (7) $f(f^{-1}(S)) \subset S$.

(8) $f(f^{-1}(S)) \subset S$.

17. 開区間 $(0,1)$ 上の関数 $\tan(\pi x - \pi/2)$ の全射性と単射性について調べよ.

18. 写像 $f: X \to Y$ のグラフを $G \subset X \times Y$ とする. このとき X と Y の順序を入れ替える写像 $r(x,y) = (y,x)$ を考える. この写像 r による G の像 $r(G) \subset Y \times X$ を G' とする. もしも G が全単射 f を与えるならば, $G' = r(G)$ も Y から X への全単射を与えることを証明せよ.

19. 可算集合の無限部分集合も可算集合であることを示せ. できれば定理 2.27 を使わないで示せ.

20. 可算集合とたかだか可算集合の合併集合は可算集合である. この事実を次のように順を追って考えよ. 以下では X を任意の可算集合とする.

(1) C が有限集合の場合, $X \cup C$ も可算集合であることを示せ.

(2) Y が可算集合の場合, $X \cup Y$ も可算集合であることを示せ.

21. 任意の $n \in \mathbb{N}$ に対して A_n が可算集合であるとき, $\bigcup_{n=0}^{\infty} A_n$ も可算集合であることを示せ.

22. カントール集合 C について本文で説明した 2 通りの定義が同じ集合を定めることを証明せよ.

23. ベルンシュタインの定理 (定理 2.37) の証明の中で出てきた写像 h_0 は全射であることを示せ.

24. 有理数の全体 $\mathbb{Q}$ に対しても選択関数 $2^{\mathbb{Q}} \setminus \{\emptyset\} \to \mathbb{Q}$ を具体的に構成することができる. その一例を示せ (ヒント: $\mathbb{Q}$ は可算集合であり, $\mathbb{N}$ に対して全単射が存在する. この全単射を利用すればよい).

第 3 章
二 項 関 係

この章では「関係」について学ぶ．とくに二項関係と呼ばれるものを取り上げる．これは第 2 章における写像の概念を一般化したものと考えることができる．様々な二項関係を取り上げ，それがどのように応用されるかを学ぶ．

3.1 二 項 関 係

ある集合の要素 x, y の間に何らかのつながりがあるとき，そのつながりのことを「関係」と呼ぶ．「関係」という概念の身近な例として，人の集合における関係がある．友達関係や親子関係などがそうである．生年月日が同一という関係も考えられる．こうした関係のうち，最も単純なものは，2 人の間の関係である．たとえば，A 君と B さんが友人である，という関係であるとか，ある人 x_1 が別の人 x_2 と同じ誕生日である，という関係である．このように 2 つの間の関係を二項関係という．それに対して，A さんの両親は B さん，C さんである，のように，3 人の関係 (三項関係) や，$x_1, \ldots, x_n$ は，すべて同じ誕生日である，という多項関係もあるが，本書では，最も基本的な二項関係に焦点をあてて述べる．以下，単に関係といえば二項関係を意味することにしよう．

関係のうち友人関係のように対称的なものがある．A 君が B さんの友人ならば，B さんが A 君の友人でもある．それに対し，親子関係は非対称的だ．また，親戚関係において，A 君と B さんが親戚で，B さんと C 君が親戚とすれば，A 君と C 君は親戚である．けれども，友人関係のときには，この性質は必ずしも成り立つとはかぎらない．A, B が友人で，B, C が友人だとしても，A, C が互いに見ず知らずの人かもしれないからである (友達の友達は皆，友達だ，という思想のもとでは，見ず知らずの A, C も友人かもしれないが)．このよう

に，ひとくちに関係といってもいろいろなものがあることがわかる．こうした二項関係の様々な性質やその応用を解説していく．

二項関係を厳密に定義するには，写像のところで出てきた「グラフ」の概念を拡張して用いる．集合 X に対し，その直積 $X \times X$ の部分集合 G が，X 上の，ある二項関係 R を定義している，と考えるのである．X の 2 個の要素 x, y に対して $(x,y) \in G$ のとき，(x,y) に対して**二項関係** (binary relation)R が成り立つといい，$x\,R\,y$ と書く．丁寧にいえば「$x\,R\,y$ が成り立つ」だが，成り立つを省略して，たんに「$x\,R\,y$」とか「$x\,R\,y$ である」と書くことが多い．

その逆に，二項関係 R に対し，次の部分集合
$$G(R) = \{(x,y) \in X \times X \mid x\,R\,y\}$$
を二項関係 R の**グラフ**という．

例 3.1 二項関係の例をいくつかあげる．

(1) 整数 $\mathbb{Z}$ において，等号関係 $=$ や大小関係 $<$ は二項関係を与える．グラフとしてあらわすと，それぞれ次のようになる．
$$G(=) = \{(x,y) \in \mathbb{Z} \times \mathbb{Z} \mid x = y\},$$
$$G(<) = \{(x,y) \in \mathbb{Z} \times \mathbb{Z} \mid x < y\}.$$

(2) ある集合 X が与えられたとする．冪集合 2^X に対して包含関係 $\subset$ は二項関係を与える．すなわち，X の部分集合 A, B に対して $A \subset B$ が成立するという包含関係は二項関係であり，そのグラフは次のようになる．
$$G(\subset) = \{(A,B) \in 2^X \times 2^X \mid A \subset B\}.$$

(3) $X \times X$ において，部分集合として $X \times X$ 自身をとるとこれは関係となる．このときいかなる $x \in X, y \in X$ に対しても $(x,y) \in X \times X$ である，すなわち x と y は必ず関係がある．また空集合 $\emptyset \subset X \times X$ も 1 つの関係である．この場合には，いかなる $x \in X$ と $y \in X$ に対しても $(x,y) \notin \emptyset$，すなわち x と y は関係がない．

(4) 集合 X において $\{(x,x) \mid x \in X\}$ をグラフとする二項関係を，等号による関係または**恒等関係** (identity relation) などといい，I であらわす．恒等関係のグラフは，第 1 章の書き方で厳密にあらわすと，次のようになる．
$$G(I) = \{(x,y) \in X \times X \mid x = y\}.$$

これは自分自身とのみ関係があることを意味する．

(5) 写像 $f : X \to X$ が与えられたとき，$x \, R_f \, y$ を $y = f(x)$ と定めればこれは二項関係となる．写像 f のグラフは
$$G(f) = \{(x, y) \in X \times X \mid y = f(x)\}$$
であったが，これは二項関係 R_f のグラフ $G(R_f)$ にほかならない．二項関係は写像の一般化と考えられる．

ひとくちに二項関係といってもいろいろなものがあることがわかる．様々な二項関係を論じるためにそれが持つ性質を議論する．

(1) $x \, R \, x$ がつねに成り立つとき，すなわち
$$\forall x \in X (x \, R \, x)$$
が真であるとき，二項関係 R は**反射律** (reflexive law) を満たすという．

(2) $x \, R \, y$ ならば $y \, R \, x$ が成り立つとき，すなわち
$$\forall x, y \in X (x \, R \, y \to y \, R \, x)$$
が真であるとき，二項関係 R は**対称律** (symmetric law) を満たすという．

(3) $x \, R \, y$ かつ $y \, R \, z$ ならば $x \, R \, z$ が成り立つとき，すなわち
$$\forall x, y, z \in X (x \, R \, y \land y \, R \, z \to x \, R \, z)$$
が真であるとき，R は**推移律** (transitive law) を満たすという．

(4) $x \, R \, y$ かつ $y \, R \, x$ ならば $x = y$ が成立するとき，すなわち
$$\forall x, y \in X (x \, R \, y \land y \, R \, x \to x = y)$$
が真であるとき，R は **反対称律** (anti-symmetric law) を満たすという．

例 3.2 上記のそれぞれの性質は，対象とする二項関係のグラフに対する条件であらわすことができる．たとえば，二項関係 R が反射律を満たす必要十分条件は，$G(I) \subset G(R)$ である．ここでは，このことを証明してみよう．

具体的には，$G(I) = \{(x, x) \mid x \in X\}$ なので
$$G(I) = \{(x, x) \mid x \in X\} \subset G(R) \leftrightarrow \forall x \in X (x \, R \, x)$$
を示せばよい．

はじめに，左辺の $G(I) \subset G(R)$ を仮定し右辺を導こう．任意の $a \in X$ を固

定して考える．まず $(a,a) \in G(I) = \{(x,x) \mid x \in X\}$ が成り立つ．したがって $G(I) \subset G(R)$ の仮定から（すなわち $\forall z(z \in G(I) \to z \in G(R))$ なので），$(a,a) \in G(R)$ が導かれる．すなわち $a\,R\,a$ が成り立つ．$a \in X$ は任意だったので $\forall x \in X(x\,R\,x)$ を示せたことになる．

次に逆方向を示す．今度は任意の $c \in G(I)$ を考え，$c \in G(R)$ となることを示せばよい．$G(I) = \{(x,x) \mid x \in X\}$ であるから，$c \in G(I)$ に対して $c = (a,a)$ となる $a \in X$ が存在する．一方，仮定 $\forall x \in X(x\,R\,x)$ より，この $a \in X$ に対しても $a\,R\,a$ が成り立つ．これは $c = (a,a) \in G(R)$ にほかならない．

例題 3.3 実数の集合 $\mathbb{R}$ における次の二項関係を考える．

$G(R_1) = \{(x,y) \mid x \geq 0, y \geq 0\}$,

$G(R_2) = \{(x,y) \mid x \geq 0, y \leq 0\}$,

$G(R_3) = \{(x,y) \mid x \leq y\}$,

$G(R_4) = \{(x,y) \mid y \leq x\}$,

$G(R_5) = \{(x,y) \mid 0 \leq x \leq 1, 0 \leq y \leq x^2\}$,

$G(R_6) = \{(x,y) \mid (y-x)(y-x-1)(y-x+1) = 0\}$.

それぞれについて反射律，対称律，推移律，反対称律が成り立つかどうかを調べよ．

解答 例として R_5 について考える．

まず，反射律だが，$(-1,-1) \notin G(R_5)$ であるから反射律は成立しない．対称律も，$(1,0) \in G(R_5)$ かつ $(0,1) \notin G(R_5)$ だから成り立たない．$(x,y) \in G(R_5)$ かつ $(y,z) \in G(R_5)$ のとき，

$$0 \leq x \leq 1, \quad 0 \leq y \leq x^2, \quad 0 \leq y \leq 1, \quad 0 \leq z \leq y^2$$

により

$$0 \leq x \leq 1, \quad 0 \leq z \leq x^4 \leq x^2$$

が成り立ち $(x,z) \in G(R_5)$ を得る．よって推移律が成立する．最後に反対称律だが，$(x,y) \in G(R_5)$ かつ $(y,x) \in G(R_5)$ のとき

$$0 \leq x \leq 1, \quad 0 \leq y \leq x^2, \quad 0 \leq y \leq 1, \quad 0 \leq x \leq y^2$$

により $(x,y) = (0,0)$ または $(x,y) = (1,1)$ となるので，いずれの場合も $x = y$ である．よって反対称律が成り立つ．

ほかの二項関係についての計算は省略するが結果は以下のようになる．読者はくわしい証明を試みてほしい．

	反射律	対称律	推移律	反対称律
R_1	F	T	T	F
R_2	F	F	T	T
R_3	T	F	T	T
R_4	T	F	T	T
R_5	F	F	T	T
R_6	T	T	F	F

■

例題 3.4 恒等関係は，反射律，対称律，推移律，反対称律のすべてを満たす．実は反射律，対称律，反対称律を同時に満たす関係は恒等関係に限られる．このことを証明せよ．

解答 反射律，対称律，反対称律を同時に満たす関係を R とおき，そのグラフを $G(R)$ とする．目標は $G(R) = G(I)$ を示すことである．

まず，反射律が成り立つので，例 3.2 でも示したように $G(I) \subset G(R)$ が成り立つ．あとは $G(R) \subset G(I) \ (= \{(x,y) \mid x = y\})$ を示せばよい．そこで任意の $(a,b) \in G(R)$ を考える．定義より $a\,R\,b$ だが，対称律により $b\,R\,a$ が成り立つ．したがって反対称律から $a = b$ が導ける．すなわち $(a,b) \in \{(x,y) \mid x = y\}$ である．よって $G(R) \subset \{(x,y) \mid x = y\} = G(I)$ が示せた． ■

3.2 順序と順序同型

重要な二項関係に「順序」という概念がある．2 つの対象の間の大きさの比較を述べる二項関係である．この節では，その順序について述べる．

ここでも順序の厳密な定義から始める．集合 X における二項関係 $\leq$ が，次の (1), (2), (3) を満たすときそれを X における**順序** (order) という．なお，以下の条件で変数 x, y, z が登場する際には，「すべての $x \in X$ に対し」などと書くべきだが，記述を短くするため省略した．

(1) (反射律) $x \leq x$ が成り立つ．
(2) (推移律) $x \leq y$ かつ $y \leq z$ ならば $x \leq z$ が成り立つ．
(3) (反対称律) $x \leq y$ かつ $y \leq x$ ならば x と y は等しい．

このとき $(X, \leq)$ を**順序集合** (ordered set) と呼ぶ．

例 3.5 順序集合の例をいくつかあげる．

(1) $\mathbb{N}$ における大小関係 $\leq$ は順序である．これは $\mathbb{Z}, \mathbb{Q}, \mathbb{R}$ においても順序となる．$(\mathbb{N}, \leq), (\mathbb{Q}, \leq), (\mathbb{R}, \leq)$ は，それぞれ順序集合となる．

(2) $\mathbb{N} \setminus \{\emptyset\}$ において，n が m を割り切ることを $n \mid m$ とあらわす．このような整除関係は順序となる．

(3) $\leq$ を $\mathbb{Z}$ における通常の大小関係とする．$\mathbb{Z} \times \mathbb{Z}$ において，関係 $\preceq$ を
$$(m_1, n_1) \preceq (m_2, n_2) \Leftrightarrow m_1 < m_2 \vee (m_1 = m_2 \wedge n_1 \leq n_2)$$
と定義すると，これは順序となり，$(\mathbb{Z} \times \mathbb{Z}, \preceq)$ は順序集合となる．この順序 $\preceq$ は，順序対に対する**辞書式順序** (lexicographic order) と呼ばれている．

(4) ある集合 X が与えられたとする．冪集合 2^X に対して包含関係 $\subset$ で与えられる二項関係は順序となり，$(2^X, \subset)$ は順序集合となる．実際，$A, B, C \in 2^X$ に対して，$A \subset A$ より反射律が成立する．$A \subset B, B \subset C$ ならば $A \subset C$ であり，推移律が成立する．さらに，$A \subset B, B \subset A$ ならば $A = B$ であり，反対称律が成立する．

一般に順序は記号 $\leq$ であらわすことが多いので本書でもそのように記している．けれども順序 $\leq$ は数の大小関係とは限らないことに注意してほしい．

X のどの要素 x, y に対しても $x \leq y$ または $y \geq x$ の少なくとも一方が成り立つとき，この順序を**全順序** (total order) または**線形順序** (linear order) という．このとき $(X, \leq)$ は**全順序集合** (totally ordered set) などと呼ばれる．上記の例でどれが全順序でどれがそうでないかを考えてほしい．全順序に対し，一般の順序を**半順序** (partial order) という場合もある．

$(X, \leq), (Y, \preceq)$ を順序集合とする．写像 $f : X \to Y$ が
$$\forall x, y \in X (x \leq y \to f(x) \preceq f(y))$$
を満たすとき，f は順序を保つ写像であるという．$f : X \to Y$ が全単射であ

り，f と f^{-1} がともに順序を保つとき，$(X, \leq)$ と $(Y, \preceq)$ は**順序同型** (order isomorphic) であるといい

$$(X, \leq) \simeq (Y, \preceq)$$

と記述する．このとき f は**順序同型写像** (order isomorphism) と呼ばれる．

例 3.6 $f : \mathbb{Q} \to \mathbb{Q}$ を $f(x) = 2x + 1$ で定義される関数とするとき，f は $(\mathbb{Q}, \leq)$ から $(\mathbb{Q}, \leq)$ への順序同型写像である．

例題 3.7 $\mathbb{Z}$ と $\mathbb{Q}$ は互いに順序同型ではないことを証明せよ．ここでどちらにも通常の意味での大小関係 $\leq$ を順序として入れるものとする．

解答 $\mathbb{Z}$ と $\mathbb{Q}$ が順序同型であると仮定すると，順序同型写像 $f : \mathbb{Z} \to \mathbb{Q}$ が存在する．このとき $f(0) < f(1)$ であり $(f(0) + f(1))/2 \in \mathbb{Q}$ により，$f^{-1}((f(0) + f(1))/2)$ は，0 と 1 の間にある整数でなければならない．このような整数は存在しないため $\mathbb{Z}$ と $\mathbb{Q}$ は順序同型でない．∎

順序集合 $(X, \leq)$ が与えられたとする．M を X の空でない部分集合とする．a が M の**最小要素** (minimum element) であるとは，$a \in M$ であって，かつすべての $x \in M$ に対して $a \leq x$ が成り立つことである．このとき $a = \min M$ とあらわす．同様に，b が M の**最大要素** (maximum element) であるとは，$b \in M$ であって，かつすべての $x \in M$ に対して $x \leq b$ が成り立つことである．このとき $b = \max M$ とあらわす．これらは存在するとは限らないが，次の定理が示す通り，存在する場合には一意に定まる．

定理 3.8 順序集合 $(X, \leq)$ が与えられたとし，M を X の空でない部分集合とする．M の最大要素は存在すれば一意に定まり，最小要素も存在すれば一意に定まる．

証明 最大要素についてのみ記す．b, b' がどちらも M の最大要素と仮定する．b は M の最大要素であるから，$b' \in M$ に対して $b' \leq b$ が成立する．同様に b' は M の最大要素であるから，$b \in M$ に対して $b \leq b'$ が成立する．あわせると

$b = b'$ が導かれる. □

例 3.9 いくつか例をあげる.

(1) 実数 $(\mathbb{R}, \leq)$ において，$[0,1]$ の最小要素は 0，最大要素は 1 である．$(0,1)$ の最小要素と最大要素は存在しない．

(2) $(\mathbb{R}, \leq)$ において，$[0,1)$ の最小要素は 0 で，最大要素は存在しない．

(3) $(\mathbb{R}, \leq)$ において，集合 $\{p \in \mathbb{R} \mid 2 \leq p^2 \leq 4\}$ の最小要素は $\sqrt{2}$ であり，最大要素は 2 である．

(4) $\mathbb{Q}$ の部分集合 $Q_2 = \{p \in \mathbb{Q} \mid 2 \leq p^2 \leq 4\}$ を考える．$(\mathbb{Q}, \leq)$ においては，上の例と同様，Q_2 の最大要素は 2 である．しかし，$\sqrt{2}$ は最小要素ではない．なぜならばそれは有理数ではないからである (定理 4.5).

順序集合 $(X, \leq)$ とその部分集合 M が与えられているとする．すべての $x \in M$ に対し $a \leq x$ が成り立つ $a \in X$ を，M の下界 (lower bound) という．最小要素との違いは a 自身が M の要素である必要がない点である．これは一般には存在するとは限らず，存在する場合も一意とは限らない．M が下界を持つとき M は下に有界 (bounded below) であるという．M の下界全体からなる集合に最大要素が存在すれば，それを下限 (infimum) といい $\inf M$ とあらわす．下限は最大下界とも呼ばれる．

すべての $x \in M$ に対し $x \leq b$ が成り立つ $b \in X$ を，M の上界 (upper bound) という．M が上界を持つとき M は上に有界 (bounded above) であるという．M の上界全体からなる集合に最小要素が存在すれば，それを上限 (supremum) といい $\sup M$ とあらわす．上限は最小上界とも呼ばれる．M が上に有界かつ下に有界であるとき，M は有界 (bounded) であるという．

例 3.10 上限と下限の例をあげる.

(1) 実数 $(\mathbb{R}, \leq)$ において，$[0,1]$ の下限は 0，上限は 1 である．$(0,1)$ の下限は 0，上限は 1 である．集合 $\{x \in \mathbb{R} \mid x > 0, x^2 \leq 2\}$ の下限は 0，上限は $\sqrt{2}$ である．

(2) 有理数の集合 $(\mathbb{Q}, \leq)$ において，集合 $\{x \in \mathbb{Q} \mid x > 0, x^2 \leq 2\}$ の下限は 0 だが，上限は存在しない．ただし上界は存在する．実際，$x^2 > 2$ を満たす任

意の有理数が上界である．したがって，この集合は有界である．

(3) 一般に $(\mathbb{R}, \leq)$ の空でない部分集合 A が上に有界であれば上限 $\sup A$ が存在し，同様に A が下に有界であれば下限 $\inf A$ が存在することが知られている．これは実数の連続性と呼ばれる．この証明については定理 3.39 にて述べる．

例題 3.11 $(\mathbb{R}, \leq)$ の部分集合 $Q_2 = \{p \in \mathbb{Q} \mid 2 \leq p^2 \leq 4\}$ を考える．この Q_2 の下限は $\sqrt{2}$ であることを証明せよ．また Q_2 に最小要素は存在しないことを証明せよ．

解答 $\sqrt{2}$ は集合 Q_2 の下界となる．集合 Q_2 に $\sqrt{2}$ より大きく $\sqrt{2}$ にいくらでも近い有理数が存在することを示せば，$\sqrt{2}$ が下限であることがわかる．

ここでは練習のため，$\sqrt{2}$ にいくらでも近づく有理数の列を具体的に作って議論をおこなう．次の漸化式で定められる有理数の数列 $(p_n)_{n \in \mathbb{N}}$ を考えよう．

$$p_n = \begin{cases} 2, & n=0 \text{ のとき}, \\ \dfrac{1}{2}p_{n-1} + \dfrac{1}{p_{n-1}}, & \text{その他 } (n>0) \text{ のとき}. \end{cases}$$

この有理数の数列 $(p_n)_{n \in \mathbb{N}}$ の性質を調べ，その要素が $\sqrt{2}$ より大きく，しかも $\sqrt{2}$ にいくらでも近い有理数が存在することを示そう．

任意の $n \in \mathbb{N}$ を固定して考える．ただし $n>0$ とする．まず，$p_n > 0$ が成り立つことは定義より明らか．漸化式の両辺を 2 乗すると

$$p_n^2 = \frac{(p_{n-1}^2+2)^2}{4p_{n-1}^2} = 2 + \frac{(p_{n-1}^2-2)^2}{4p_{n-1}^2}$$

となるが，この式から

$$p_n^2 \geq 2$$

となる．$\sqrt{2}$ は有理数でないので $p_n > \sqrt{2}$ である．

再び漸化式より，

$$p_{n-1} - p_n = \frac{p_{n-1}^2 - 2}{2p_{n-1}} > 0 \tag{3.1}$$

であるから $p_n < p_{n-1}$ が得られ，$p_0^2 = 4$ より，

$$p_n^2 \leq 4.$$

よって，$p_n \in Q_2$ が導かれる．

さらに，漸化式より
$$0 < \frac{1}{p_n p_{n-1}} = \frac{2}{p_{n-1}^2 + 2} < 1$$
であるから
$$\left| \frac{1}{2} - \frac{1}{p_n p_{n-1}} \right| \leq \frac{1}{2}$$
が成り立つことに注意する．いま n のときの漸化式から $n+1$ のときの漸化式を引くと
$$p_n - p_{n+1} = \left(\frac{1}{2} - \frac{1}{p_n p_{n-1}} \right) (p_{n-1} - p_n)$$
が得られる．先ほどの計算とあわせると $p_n - p_{n+1} \leq (1/2)|p_{n-1} - p_n|$ となるが，$p_0 - p_1 = 1/2$ であることから
$$p_{n-1} - p_n \leq \left(\frac{1}{2} \right)^n$$
が導かれる．

ここで式 (3.1) を再度利用すると
$$0 < p_{n-1}^2 - 2 = 2p_{n-1}(p_{n-1} - p_n) \leq 4 \left(\frac{1}{2} \right)^n$$
となる．これは任意の $n > 0$ について成り立つのだから，極限の記号であらわせば $\lim_{n \to \infty} p_{n-1}^2 = 2$ が示せたことになる．よって $\sqrt{2}$ が Q_2 の下限である．

さて有理数 q が与えられた集合 Q_2 の最小要素であったと仮定する．ここで $\sqrt{2}$(すなわち $x^2 = 2$ の解) は有理数でないという事実を使うと，$q^2 > 2$ でなければならない．そのため $q^2 - 2 > 0$ であるが，十分大きな $n \in \mathbb{N}$ をとれば $4(1/2)^n < q^2 - 2$ となるので
$$0 \leq p_{n-1}^2 - 2 \leq 4 \left(\frac{1}{2} \right)^n < q^2 - 2$$
より，$p_{n-1} < q$ が導かれる．これは q が最小要素であることと矛盾する．よって最小要素は存在しない．■

$(X, \leq)$ を与えられた順序集合とし，M を X の部分集合とする．M の要素 a が M の**極小要素** (minimal element) であるとは，a 以外の M の要素で $x \leq a$ となるものが存在しないことをいう．また M の要素 b が M の**極大要素** (maximal element) であるとは，b 以外の M の要素で $x \geq b$ となるものが存在しないことをいう．極小要素, 極大要素は一般に存在するとは限らず, 存在する場

合も一意であるとは限らない．もし M の最小要素が存在すれば，それは唯一の M の極小要素であり，最大要素が存在すればそれは唯一の極大要素である．

例 3.12 $X = \{1, 2, 3, 4\}$ とする．X の冪集合 2^X に対し，それから空集合と全体集合を除いた $P = 2^X \setminus \{\emptyset, X\}$ を考える．このとき順序集合 $(P, \subset)$ において，$\{1\}, \{2\}, \{3\}, \{4\}$ は極小要素となり，$\{1, 2, 3\}, \{1, 2, 4\}, \{1, 3, 4\}, \{2, 3, 4\}$ は極大要素となる．

例題 3.13 X を 24 を割り切る 1 より大きい正の整数からなる集合とする．$m, n \in X$ に対して，n が m を割り切るという関係を $n \leq m$ という順序とする．このときの X の最小要素，最大要素，極大要素，極小要素を求めよ．

解答 $24 = 2^3 \times 3$ であり
$$X = \{2, 3, 4, 6, 8, 12, 24\}$$
となる．

　この集合の最小要素は存在しない．2 は通常の順序では最小だが，すべてを割り切るわけではないので，ここで考える順序においては最小ではない．一方，最大要素は 24 である．これが唯一の極大要素となる．極小要素は 2 と 3 である． ■

3.3　同値関係と同値類

　もう 1 つの重要な二項関係に同値関係がある．この節では同値関係の定義からはじめ，同値関係の性質などを解説していく．

　集合 X 上の二項関係 $\sim$ は次の (1), (2), (3) を満たすとき，X における**同値関係** (equivalence relation) と呼ばれる．なお，ここでも「すべての $x \in X$ に対し」などを省略して書く．

(1) (反射律) $x \sim x$ が成り立つ．
(2) (対称律) $x \sim y$ ならば $y \sim x$ が成り立つ．
(3) (推移律) $x \sim y$ かつ $y \sim z$ ならば $x \sim z$ が成り立つ．

例 3.14 同値関係の例をあげる.

(1) X において等号 $=$ は同値関係である.

(2) 三角形全体の集合において,互いに合同である,という関係は同値関係となる.互いに相似である,という関係も同値関係となる.

(3) $\mathbb{R}$ において「x, y が $x - y \in \mathbb{Z}$ を満たす」という二項関係は同値関係となる.つまり,次のような関係のグラフで定義される二項関係である.
$$G = \{(x, y) \in \mathbb{R} \times \mathbb{R} \mid x - y \in \mathbb{Z}\}.$$

(4) n を 2 以上の整数とする.$\mathbb{Z}$ の要素 a, b は,$a - b$ が n で割り切れるとき,n を**法**として (modulo) 合同であるといい,$a \equiv_n b$ とあらわすことにする.この合同関係は同値関係となる.

(5) 写像 $f : X \to Y$ が与えられたとき,X の要素 x_1, x_2 に対し,$f(x_1) = f(x_2)$ を満たす関係は同値関係となる (証明は例題 3.16 参照).つまり,次のような関係のグラフで定義される二項関係である.
$$G = \{(x_1, x_2) \in X \times X \mid f(x_1) = f(x_2)\}.$$

例題 3.15 $\mathbb{R}$ において
$$G = \{(x, y) \mid (y - x)(1 - x - y) = 0\}$$
をグラフとする関係 $\sim$ は同値関係となることを示せ.

解答 ここでは練習のため,少し丁寧に証明してみよう.証明すべきことは,同値関係の定義にある 3 条件,すなわち,反射律,対称律,推移律が成り立つことである.まず反射律だが,すべての $x \in X$ に対し
$$(x - x)(1 - x - x) = 0$$
により $(x, x) \in G$ となり,反射律 $x \sim x$ が成立する.

次に対称律について考える.$a, b \in \mathbb{R}$ を任意に固定する.これに対し,

$a \sim b \Rightarrow (a, b) \in G$ (関係のグラフの定義)

$\Rightarrow (b - a)(1 - a - b) = 0$ (G の定義)

$\Rightarrow -(a - b)(1 - b - a) = 0$

$\Rightarrow (a - b)(1 - b - a) = 0$

$$\Rightarrow (b,a) \in G \qquad\qquad (G \text{ の定義})$$
$$\Rightarrow b \sim a \qquad\qquad (\text{関係のグラフの定義})$$

が成り立つ．したがって，$\forall x, y \in \mathbb{R}(x \sim y \to y \sim x)$ が真．すなわち対称律が成り立つ．

最後に $a, b, c \in \mathbb{R}$ を任意に固定し，
$$(a,b) \in G \land (b,c) \in G$$
を仮定すると，
$$((a=b) \lor (a+b=1)) \land ((b=c) \lor (b+c=1))$$
が導かれる．これを分配法則で展開し，4通りに場合分けをして考える．すると，
$$(a=b) \land \quad (b=c) \Rightarrow \quad a=c$$
$$(a=b) \land (b+c=1) \Rightarrow a+c=1$$
$$(a+b=1) \land \quad (b=c) \Rightarrow a+c=1$$
$$(a+b=1) \land (b+c=1) \Rightarrow \quad a=c$$
となるので，いずれの場合からも
$$(c-a)(1-c-a) = 0$$
が導かれる．すなわち $(a,c) \in G$ が成り立つ．したがって，推移律が成り立つことが示された． ∎

例題 3.16 ある関数 $f : X \to Y$ により
$$x \sim y \Leftrightarrow f(x) = f(y)$$
と定義される関係 $\sim$ が X 上の同値関係であることを示せ．

解答 ここでも少し丁寧に証明してみよう．

最初に反射律を示す．任意の $a \in X$ に対し，$f(a) = f(a)$ なので $\sim$ の定義から $a \sim a$ である．よって，反射律が成り立つ．

次に対称律を示すために，任意の $a, b \in X$ を考える．$a \sim b$ を仮定すると，そこから
$$a \sim b \Rightarrow f(a) = f(b) \Rightarrow f(b) = f(a) \Rightarrow b \sim a$$

となるので，$\forall x, y \in X(x \sim y \to y \sim x)$ が成り立つ．

最後に推移律を満たすことを示すために，任意の $a, b, c \in X$ を考える．すると

$$(a \sim b) \wedge (b \sim c) \Rightarrow f(a) = f(b) \wedge f(b) = f(c)$$
$$\Rightarrow f(a) = f(c) \Rightarrow a \sim c$$

となり，推移律 $\forall x, y, z \in X((x \sim y) \wedge (y \sim z) \to (x \sim z))$ を満たすことが示せた． ∎

同値類 同値関係の重要性は，それにより対象としている集合を分類できる点にある．たとえば，同じ誕生日を持つ人同士の関係は同値関係だが，それにより，人の集合を 366 個 (2 月 29 日も含め) の集合に分けることができる．それを「同値類」という．以下で，この同値類について解説する．まず最初に，集合の分割について必要な定義の導入から始める．

集合 X がその部分集合の族 $(U_i)_{i \in I}$ により互いに共通部分のない合併となるとき，X は $(U_i)_{i \in I}$ により**直和** (disjoint union) に分割されるという．この条件を式で書いておこう．集合族 $(U_i)_{i \in I}$ が X の直和分割であるとは，次が成り立つことである．

(1) $X = \bigcup_{i \in I} U_i$.
(2) $\forall i, j \in I(i \neq j \to U_i \cap U_j = \emptyset)$.

例題 3.17 上記の直和分割において，x_1, x_2 が同一の U_i に属するとき $x_1 \sim x_2$ と定義すれば，関係 $\sim$ は同値関係となることを証明せよ．

解答 正確には，関係 $x \sim y$ は

$$\exists i \in I(x \in U_i \wedge y \in U_i)$$

という条件に等しい．この関係が同値関係の 3 条件を満たすことを示す．

まず，反射律を示すために，任意の $x \in X$ を考える．これに対し，

$$x \in X \Rightarrow x \in \bigcup_{i \in I} U_i \qquad \text{(直和の定義)}$$
$$\Rightarrow \exists i \in I(x \in U_i) \qquad \text{($\bigcup$ の定義)}$$

3.3 同値関係と同値類

$$\Rightarrow \exists i \in I(x \in U_i \wedge x \in U_i)$$
$$\Rightarrow x \sim x \qquad (\sim \text{の定義})$$

が成り立つので，$x \sim x$ が導かれる．

次に対称律だが，これは任意の $x, y \in X$ を考えたとき，

$$x \sim y \Rightarrow \exists i \in I(x \in U_i \wedge y \in U_i)$$
$$\Rightarrow \exists i \in I(y \in U_i \wedge x \in U_i)$$
$$\Rightarrow y \sim x$$

が成り立つことから示せる．

最後に推移律が成り立つことを示す．そこで任意の $x, y, z \in X$ で，$(x \sim y) \wedge (y \sim z)$ が成り立つものを考える．すると $\sim$ の定義から

$$\exists i \in I(x \in U_i \wedge y \in U_i) \wedge \exists j \in I(y \in U_j \wedge z \in U_j)$$

が成り立つ．そこで，$x \in U_i \wedge y \in U_i$ を満たす i と $y \in U_j \wedge z \in U_j$ を満たす j を考える．このとき，$y \in U_i \cap U_j \neq \emptyset$ なので，直和分割の条件 (2) より，$i = j$ でなければならない．よって

$$x \in U_i \wedge y \in U_i \wedge z \in U_i$$

であり，$x \in U_i$ かつ $z \in U_i$ から $x \sim z$ が導ける．つまり推移律が成り立つ．以上により与えられた二項関係 $\sim$ は同値関係であることが証明された． ■

例題 3.17 における同値関係は，X の部分集合族 $(U_i)_{i \in I}$ に付随する同値関係とよばれる．同値関係を得るためには，この例題で示したように部分集合族が X の直和分割になっていなければならない．その反対に，X 上の同値関係が与えられると，それに対応する X の直和分割が得られる．それを以下で見ていくことにしよう．

一般に集合 X 上の同値関係 $\sim$ が与えられたとき，各 $x \in X$ に対して X の部分集合

$$\{y \in X \mid x \sim y\}$$

を x の**同値類** (equivalence class) と呼び，$C(x)$ または $[x]_\sim$ または単に $[x]$ などと書く．同値類の全体のなす集合 $\{C(x) \mid x \in X\}$ を X の $\sim$ による**商集合** (quotient set) といい $X/\sim$ であらわす．商集合 $X/\sim$ の各要素は X の部

分集合 $C(x)$ であることに注意しよう．このとき，あとで示すように，商集合 $\{C(x) \mid x \in X\}$ の要素を用いて X の直和分割を得ることができる．

X の各要素 x に同値類 $C(x)$ を対応させると，これは X から $X/\sim$ への全射を与える．これは X から $X/\sim$ への**自然な射影** (natural projection) または**標準的射影** (canonical projection) と呼ばれる．

例 3.18 同値類の例をあげよう．

(1) ある学校の生徒の集合を X とする．この X 上で，同一の誕生日を持つ x_1 と x_2 を $x_1 \sim x_2$ とする同値関係 $\sim$ を考える．これに対する商集合 $X/\sim$ は，$\{C(x) \mid x \in X\}$ である．ただし，各 $C(x)$ は，
$$C(x) = \{y \in X \mid x \sim y\} = \{y \in X \mid y \text{ は } x \text{ と同じ誕生日}\}$$
である．たとえば，1 月 1 日生まれの生徒が A, B, C の 3 名，2 月 2 日生まれの生徒が D, E の 2 名だとすると，
$$C(\text{A}) = \{\text{A, B, C}\}, \quad C(\text{D}) = \{\text{D, E}\}$$
である．ここで $C(\text{A}) = C(\text{B}) = C(\text{C})$，あるいは $C(\text{D}) = C(\text{E})$ であり，集合では，同じ要素は重複しても 1 つにしか見られないことに注意しよう．したがって，
$$\{C(x) \mid x \in X\} = \{C(\text{A}), C(\text{B}), C(\text{C}), C(\text{D}), C(\text{E}), \dots\}$$
$$= \{C(\text{A}), C(\text{D}), \dots\}$$
である．つまり，商集合 $X/\sim = \{C(x) \mid x \in X\}$ に含まれる集合の数は，実質的には X における異なる誕生日の数となる．多くても 366 種類になるのである．

(2) 例 3.14 で定義したが，2 以上の整数 n を法としての合同関係 $\equiv_n$，すなわち
$$a \equiv_n b \Leftrightarrow (a - b \text{ が } n \text{ で割り切れる})$$
という関係 $\equiv_n$ は同値関係である．たとえば，5 を法とした合同関係 $\equiv_5$ を考え，その商集合 $\mathbb{Z}/\equiv_5$ を $\{[x] \mid x \in X\}$ としよう．つまり，
$$[x] = \{y \in \mathbb{Z} \mid y \equiv_5 x\} = \{y \in \mathbb{Z} \mid y - x \text{ が } 5 \text{ で割り切れる}\}$$
である．たとえば，

$$[0] = \{\ldots, -5, 0, 5, 10, 15, \ldots\}, \quad [1] = \{\ldots, -4, 1, 6, 11, 16, \ldots\},$$
$$[2] = \{\ldots, -3, 2, 7, 12, 17, \ldots\}, \quad \ldots$$

となる．ここでも，たとえば $[12] = [2]$ である．つまり 5 で割った余りが同じであれば，同じ同値類となるのである．したがって，実質的には，$\mathbb{Z}/\equiv_5$ の要素は 5 つで，

$$\mathbb{Z}/\equiv_5 = \{[0], [1], [2], [3], [4]\}$$

である．一般に，2 以上の n を法として合同である同値関係による $\mathbb{Z}$ の商集合は，位数 n の巡回群と呼ばれ $\mathbb{Z}/n\mathbb{Z}$ とあらわされる．$\mathbb{Z}/n\mathbb{Z}$ の要素数 (同値類の数) は n である．

この例で示したように，同値関係 $\sim$ による商集合 $X/\sim = \{C(x) \mid x \in X\}$ を考えたとき，一般には同じ同値類 $C(x) = C(y)$ を与える $x, y \in X$ が複数出てくる．つまり，任意の $C(z) \in X/\sim$ を考えたとき，

$$x, y \in C(z) \Leftrightarrow x \sim z \sim y \Leftrightarrow C(x) = C(z) = C(y)$$

となる．同値類 $C(z)$ の要素すべてが同じ同値類を形成しているのである．そこで，商集合 $X/\sim$ を考えるときに，各同値類 C ごとに，その C の要素 1 つを用いて同値類 C を代表させると便利である．このような要素を同値類 C の**代表要素** (representative) と呼ぶ．代表としては，C のどの要素をとってもよい．たとえば，5 を法とした合同関係 $\equiv_5$ による同値類の場合，$0, 1, 2, 3, 4$ の 5 つの整数が，それぞれの同値類の代表要素と考えられる．そのほかにも，たとえば，$-15, 6, 2, 33, 14$ を代表要素としてもよい．

与えられた集合 X とその上の同値関係 $\sim$ に対し，それによるすべての同値類の代表要素の集合 I を，商集合 $X/\sim = \{C(x) \mid x \in X\}$ の**添字の集合** (indexing set) と呼ぶ．正確には，商集合 $X/\sim$ の添字の集合 I とは，次の条件を満たす集合である．

(1) $\forall x \in X, \exists i \in I (x \in C(i))$,
(2) $\forall i, j \in I (i \neq j \rightarrow C(i) \neq C(j))$.

添字の集合を用いると商集合 $X/\sim$ は $X/\sim = \{C(i) \mid i \in I\}$ とあらわすことができる．直感的には，$X/\sim$ を重複なくあらわしているといえるだろう．このとき $(C(i))_{i \in I}$ が X の直和分割になっているのである．

定理 3.19 集合 X 上の同値関係を $\sim$，その商集合 $X/\sim$ の添字の集合を I とし，$X/\sim = \{C(i) \mid i \in I\}$ とする．このとき，$(C(i))_{i \in I}$ は X の直和分割である．

証明 添字の集合の定義の条件は，実は直和分割の定義の条件に対応している．そこで，添字の集合の各条件から直和分割の対応する条件を導き出すことにより証明しよう．

$(C(i))_{i \in I}$ が X の直和分割となるための最初の条件は，$X = \bigcup_{i \in I} C(i)$ である．これは，すべての $x \in X$ に対して，$x \in \bigcup_{i \in I} C(i)$ となることであるが，

$$x \in \bigcup_{i \in I} C(i) \Leftrightarrow \exists i \in I (x \in C(i)) \qquad (\bigcup \text{の定義})$$

である．この右辺は添字の集合の最初の条件にほかならない．

次に直和分割の 2 番目の条件，すなわち，$\forall i, j \in I (i \neq j \to C(i) \cap C(j) = \emptyset)$ を，添字の集合の 2 番目の条件から導く．そのために，任意の $i, j \in I$ で $i \neq j$ となるものを考える．これに対し，添字の集合の 2 番目の条件より，$C(i) \neq C(j)$ であることは直ちにわかる．そのとき $C(i) \cap C(j) = \emptyset$ であること，すなわち，互いに共通要素を持たないことを示そう．

背理法により証明する．仮に $a \in C(i) \cap C(j)$ があったとしよう．すると $C(a) = C(i)$ かつ $C(a) = C(j)$ が成り立つので (章末問題参照)，$C(i) = C(a) = C(j)$ となり，先に導かれた $C(i) \neq C(j)$ に反する．よって $C(i) \cap C(j)$ には要素はありえない．つまり $C(i) \cap C(j) = \emptyset$ である． $\square$

例 3.20 例 3.18 で導入した巡回群 $\mathbb{Z}/n\mathbb{Z}$ を考える．たとえば，$\mathbb{Z}/5\mathbb{Z}$ は 5 を法とした合同関係による商集合で，例 3.18 で説明したように，

$$\mathbb{Z}/5\mathbb{Z} = \{[0], [1], [2], [3], [4]\}$$

である．したがって，上の定理から，$\mathbb{Z} = [0] \cup [1] \cup \cdots \cup [4]$ と直和分割される．これは，任意の整数を 5 で割ると，余りは $0, 1, \ldots, 4$ のいずれか 1 つになる，という事実と本質的に同じことである．

3.4 整数の構成

同じものが2種類以上のあらわされ方や見え方をする場合がある．あるいは，同じものを2種類以上の見方で見たほうがよい場合も少なくない．そのような場合，同値類と商集合を用いると，実体とその複数の見え方をうまく関連付けられることが多い．この節では，整数を自然数を用いてあらわすことを考え，その中で同値類のこのような使い方にふれてみよう．

まず，この世に自然数しかなかったとしよう．ちょうど小学生の算数の世界のようなものである．しかし「整数」というのも欲しい．そこで，自然数を用いて，整数という新たな概念を定義すること——自然数による整数の構成——を考える．整数を自然数であらわす方法である．よく用いられるのは，1つの整数を自然数の組 (m, n) であらわす方法だ．ここでは，その中でも代表的な1つの方法について述べる．

我々の表現方法は簡単である．自然数の組 (m, n) で整数 $m - n$ をあらわすのである．たとえば，$(15, 2)$ で $13 (= 15 - 2)$ を，$(8, 77)$ で $-69 (= 8 - 77)$ をあらわす．そうすると1つの整数に対し，複数（というか無限個）のあらわし方が存在する．たとえば，-3 は，次のように無限通りの組であらわすことができる．

$$-3 \text{ をあらわす組：} (0, 3), (1, 4), (2, 5), \ldots$$

逆に，$\mathbb{N} \times \mathbb{N}$ の任意の要素 (m, n) は，何らかの整数（つまり $m - n$）をあらわしている点も指摘しておこう．

ここで，同じ整数をあらわしている，という関係を導入する．具体的には，自然数の集合 $\mathbb{N}$ の直積 $\mathbb{N} \times \mathbb{N}$ 上の関係 $\sim$ を

$$(m_1, n_1) \sim (m_2, n_2) \Leftrightarrow m_1 + n_2 = m_2 + n_1$$

と定義する．直感的には，この条件は $m_1 - n_1 = m_2 - n_2$ と同値なので，

$(m_1, n_1) \sim (m_2, n_2) \Leftrightarrow ((m_1, n_1), (m_2, n_2)$ は同じ整数をあらわしている$)$

と考えてよい．たとえば，

$$(0, 3) \sim (1, 4) \sim (2, 5) \sim \cdots$$

が成り立つ．ちなみに，

$$(m_1, n_1) \sim (m_2, n_2) \Leftrightarrow m_1 - n_1 = m_2 - n_2$$

と定義せずに，上のように定義したのは，今のところ「整数」が存在しない世界を想定しているからである．自然数の範囲だけでは，$m - n$ が定義されない場合があるからだ．

例題 3.21 上記のように定義した関係 $\sim$ が $\mathbb{N} \times \mathbb{N}$ 上の同値関係であることを示せ．

解答 反射律，対称律が成り立つことは明らかなので省略し，ここでは推移律について考える．そこで，任意の $x = (m_1, n_1)$, $y = (m_2, n_2)$, $z = (m_3, n_3)$ で，$x \sim y$ かつ $y \sim z$ が成り立つものを考える．定義から

$$m_1 + n_2 = m_2 + n_1 \wedge m_2 + n_3 = m_3 + n_2$$

である．そこで，この2式の両辺同士で和をとると

$$m_1 + n_2 + m_2 + n_3 = m_2 + n_1 + m_3 + n_2$$

となるが，両辺に現れる $m_2 + n_2$ を消去して，

$$m_1 + n_3 = m_3 + n_1$$

が得られる．よって，$(m_1, n_1) \sim (m_3, n_3)$，つまり $x \sim z$ である． ∎

各 $(m, n) \in \mathbb{N} \times \mathbb{N}$ に対して，同値関係 $\sim$ による同値類を $[(m, n)]$ とする．すると，$[(m, n)]$ は，(m, n) と同じ整数をあらわしている組の全体となる．この同値類 $[(m, n)]$ が整数 $m - n$ である，と考える．つまり，$\mathbb{Z}$ を商集合 $(\mathbb{N} \times \mathbb{N})/\sim$ と定義するのである．たとえば，各同値類の代表要素を適当に選ぶと，新たに定義された整数の集合は，次のようになる．

$$\text{新たな } \mathbb{Z} = \{\ldots, [(0, 3)], [(0, 2)], [(0, 1)], [(0, 0)], [(1, 0)], \ldots\}.$$

このように新たに定義した整数の集合 $\mathbb{Z}$ に対して，演算 (和と積) および順序が，妥当に定義できなければならない．その点を考えてみよう．以下，任意の2つの整数の例として，$[(m, n)]$ と $[(j, k)]$ を考える．また，(m', n'), (j', k') を，$(m', n') \sim (m, n)$, $(j', k') \sim (j, k)$ となる任意の組とする．つまり，(m', n'), (j', k') は，各同値類 $[(m, n)]$, $[(j, k)]$ の任意の要素である．

最初に大小関係を，次のように定義しよう．

3.4 整数の構成

$$[(m,n)] \leq [(j,k)] \Leftrightarrow m+k \leq n+j.$$

ここで右辺の $\leq$ は,自然数上の大小関係である.

このときにまず大切なのは,代表要素のとり方により大小関係が変わらないことである.つまり,

$$[(m,n)] \leq [(j,k)] \leftrightarrow [(m',n')] \leq [(j',k')]$$

が成り立つ必要がある.これを示そう.まず $[(m,n)] \leq [(j,k)]$ とすると,$(m,n) \sim (m',n')$ かつ $(j,k) \sim (j',k')$ なので,

$$m+k \leq n+j \wedge m'+n = m+n' \wedge j+k' = j'+k$$

となる.そこで各辺を加えると

$$m+k+m'+n+j+k' \leq n+j+m+n'+j'+k$$

だが,これを整理すると

$$m'+k' \leq n'+j'$$

となるので,定義から $[(m',n')] \leq [(j',k')]$ が得られる.逆も同様に成り立つ.

さらに,このように定義した大小関係が,順序関係になっていることを示す必要もある.順序関係の条件のチェックは簡単なので,ここでは反対称律

$$[(m,n)] \leq [(j,k)] \wedge [(j,k)] \leq [(m,n)] \to [(m,n)] = [(j,k)]$$

についてのみ述べよう.実際,→ の左辺を定義に基づいて書き直せば

$$m+k \leq n+j \wedge n+j \leq m+k$$

である.したがって $m+k = n+j$ であるが,これは $(m,n) \sim (j,k)$ の条件にほかならない.よって $[(m,n)] = [(j,k)]$ が成り立つ.

次に演算について考えよう.まず,整数の和を

$$[(m,n)] + [(j,k)] = [(m+j,n+k)]$$

と定義する.これが妥当な定義であるためには,同値類の代表要素のとり方によらず,同じ値が和として定義される必要がある.つまり,この定義から

$$[(m',n')] + [(j',k')] = [(m'+j',n'+k')]$$

であるが,和により得られた2つの同値類が等しいこと,すなわち

$$[(m+j,n+k)] = [(m'+j',n'+k')]$$

が成り立つ必要がある.これは以下のように示すことができる.

$$(m', n') \sim (m, n) \land (j', k') \sim (j, k)$$
$$\Rightarrow m + n' = m' + n \land j + k' = j' + k$$
$$\Rightarrow m + j + n' + k' = m' + j' + n + k$$
$$\Rightarrow (m' + j', n' + k') \sim (m + j, n + k)$$
$$\Rightarrow [(m' + j', n' + k')] = [(m + j, n + k)].$$

整数における積は，次のように定義する．
$$[(m, n)] \times [(j, k)] = [(mj + nk, mk + nj)].$$
やはり，ここでも，別の表現のもとでの積の値
$$[(m', n')] \times [(j', k')] = [(m'j' + n'k', m'k' + n'j')]$$
と同じになることが必要である．

まず，$(m, n) \sim (m', n')$ なので，$m + n' = m' + n$ だが，それから
$$(m + n')j + (m' + n)k = (m' + n)j + (m + n')k$$
$$\Rightarrow (mj + nk) + (n'j + m'k) = (m'j + n'k) + (nj + mk)$$
$$\Rightarrow (mj + nk, mk + nj) \sim (m'j + n'k, m'k + n'j)$$
$$\Rightarrow [(mj + nk, mk + nj)] = [(m'j + n'k, m'k + n'j)]$$

が導ける．この最後の等式の左辺は定義に基づく $[(m, n)] \times [(j, k)]$ の値であり，右辺は $[(m', n')] \times [(j, k)]$ の値である．したがって，
$$[(m, n)] \times [(j, k)] = [(m', n')] \times [(j, k)]$$
が成り立つ．同様に，
$$[(m', n')] \times [(j, k)] = [(m', n')] \times [(j', k')]$$
なので，結局，
$$[(m, n)] \times [(j, k)] = [(m', n')] \times [(j', k')]$$
が導かれる．

ここまでは，大小関係，演算ともに，我々が通常使っている整数の大小関係，整数の演算と同じであるかどうかを調べなかった．もしも整数が存在しないと想定すると調べようがないからである．もちろん，実際には我々は整数を使っているので，我々の通常の整数の上での大小関係や演算と，今回定義したものが同じであるかを調べることができる．いくつかの例で調べてみてほしい．我々

の通常の大小関係や和，積と同じになっていることが確認できるだろう．

ここでは $(-1) \times x$ の計算を考えてみよう．$x = (m, n)$ の場合，
$$(-1) \times x \text{ の計算:} \quad [(0,1)] \times [(m,n)] = [(n,m)]$$
となる．つまり，m と n の順を逆にしたものが得られる．たとえば $x = [(0,1)]$ $(= -1)$ の場合には，$[(1,0)]$ $(= +1)$ となり，$(-1) \times (-1) = +1$ が計算できているのがわかる．また，整数上では $x - y = x + (-1) \times y$ なので，これは $x = (m, n), y = (j, k)$ とすると，
$$[(m,n)] - [(j,k)] = [(m,n)] + [(0,1)] \times [(j,k)] = [(m,n)] + [(k,j)]$$
と定義できる．

最後に，なぜ同値類で定義するとよいのか，その点について述べておこう．ここで述べたように整数を定義すると，1 つの整数に対し無数のあらわし方ができてしまう．それに対し，各整数に対して，ちょうど 1 つの表現だけに固定して考える方法もあるだろう．たとえば，-3 は $(0,3)$，$+3$ は $(3,0)$ と固定し，
$$\{\ldots, (0,3), (0,2), (0,1), (0,0), (1,0), \ldots\}$$
のみを整数として考えるのである．実際それも可能であるが，その場合，和や積を定義しようとすると，いろいろな場合に分けて考えなければならなくなる．読者自身，試みてみられるとよいだろう．それに対し，複数の表現を許すことで上記のようなスマートな議論が可能となる．そのような複数の表現を許し，しかも必要なときは 1 つの要素と考えるために，同値類は非常に便利な道具なのである．

自然数から整数を構成したように，有理数がない世界で，整数から有理数を定義することができる．その一例を見てみよう．

例 3.22 整数を定義したときと同じように，有理数も数の組であらわすことができる．ここでは，$(m, n) \in \mathbb{Z} \times (\mathbb{N} \setminus \{0\})$ を用いて有理数をあらわすことにする．有理数は分数であらわすことができるが，
$$\frac{m}{n} = [(m,n)]$$
と対応させよう，という考え方である．たとえば
$$\frac{1}{4} = [(1,4)], \quad -\frac{17}{8} = [(-17,8)]$$
などである．

分母には 0 は出てこないし，正負を決めるのは分子の符号で十分なので，組 (m,n) の全体集合として $\mathbb{Z} \times (\mathbb{N} \setminus \{0\})$ を考えたのである．なお，1 以上の自然数の集合を以下ではよく使うので，ここでは $\mathbb{N} \setminus \{0\}$ を N とあらわすことにする．

この場合も 1 つの有理数をあらわす組 (m,n) が無数に存在する．たとえば 0 は

$$(0,1), (0,2), (0,3), \ldots$$

とあらわされる．そこで同じ有理数をあらわすもの同士の関係 $\sim$ を定義する．具体的には，次のように定義すればよい．

$$(m_1, n_1) \sim (m_2, n_2) \Leftrightarrow m_1 n_2 = m_2 n_1. \quad \left(\Leftrightarrow \frac{m_1}{n_1} = \frac{m_2}{n_2} \right)$$

右の括弧内に書かれているのは，この関係の直感的な意味である．整数の場合と同様で，有理数が (まだ) 存在しないと想定しているので，括弧内は「気持ち」をあらわしているだけである．実際に，それを関係 $\sim$ の定義には使うことができない．

この関係が同値関係になることは容易に示せる．この同値関係に基づく同値類 $[(m,n)]$ は，同じ有理数をあらわす組の集合である．したがって，商集合 $(\mathbb{Z} \times N)/\sim$ をもって有理数の集合とすればよいのである．

この新たな有理数の集合上でも，大小関係，演算 (和と積) が必要となる．たとえば，$(m,n), (j,k) \in \mathbb{Z} \times N$ に対して，

$$[(m,n)] \leq [(j,k)] \Leftrightarrow mk \leq nj \quad \left(\Leftrightarrow \frac{m}{n} \leq \frac{j}{k} \right)$$

と定義すればよい．一方，和と積の定義は

$$[(m,n)] + [(j,k)] = [(mk+nj, nk)] \quad \left(= \frac{mk+nj}{nk} \right)$$

$$[(m,n)] \times [(j,k)] = [(mj, nk)] \quad \left(= \frac{mj}{nk} \right)$$

となる．それぞれ括弧内は，定義の気持ちである．

これらの定義にしたがえば，代表要素のとり方に左右されることなく順序関係，和，積が定義できる．読者はこの事実を自分で確かめてほしい．

3.5 二項関係上の演算

数や集合では，演算により，新たな数や集合を作り出すことができる．二項関係も同様で，二項関係同士の演算により，新たな二項関係を作り出すことができる．そのような演算について説明しよう．

これまでは単一の集合 X 上の二項関係を考えてきた．しかし，集合 X の要素と集合 Y の要素間の関係を議論したい場合もある．二項関係をこのように2つの集合間の関係まで拡張しよう．その場合には，それぞれの関係 R は $X \times Y$ の部分集合 G によって定められる．つまり，任意の $x \in X, y \in Y$ に対し，$x\,R\,y$ という関係が成り立つか否かを

$$x\,R\,y \Leftrightarrow (x,y) \in G$$

と定めるのである．この R を X から Y への二項関係といい，$R : X \to Y$ と書くことにする．これまで議論してきた X 上の二項関係は，$Y = X$ の場合の二項関係である．

二項関係のグラフも自然に拡張できる．X から Y への二項関係 R が決まっているとき，その R により次のように定められる集合が，二項関係 R のグラフ $G(R)$ である．

$$G(R) = \{(x,y) \in X \times Y \mid x\,R\,y\}.$$

例 3.23 X から Y への二項関係の例をあげる．

(1) 集合 $X = \{a, b, c\}, Y = \{1, 2, 3, 4\}$ に対し，

$$G(R_1) = \{(a,2), (b,2), (b,3)\}$$

をグラフとする二項関係 R_1 を考える．この R_1 に対しては，たとえば

$$a\,R_1\,2,\ \neg(b\,R_1\,1),\ b\,R_1\,3$$

などが成り立つ．

(2) $X \times Y$ の部分集合として $X \times Y$ 自身を考えても関係が定義できる．これを関係 R_2 としよう．この場合には，いかなる $x \in X, y \in Y$ に対しても $(x,y) \in X \times Y$ が成り立つので $x\,R_2\,y$ である．その反対に空集合 $\emptyset \subset X \times Y$ も1つの関係 R_3 を定義する．この場合には，いかなる x, y に対しても $x\,R_3\,y$

が偽．つまり $\neg(x\,R_3\,y)$ である．

逆関係と合成関係　二項関係 $R: X \to Y$ が与えられたとき，
$$\{(y,x) \in Y \times X \mid x\,R\,y\}$$
をグラフとする二項関係が定まる．これを R の**逆関係** (inverse relation) といい R^{-1} であらわす．

集合 X, Y, Z が与えられ，二項関係 $R: X \to Y$ と $Q: Y \to Z$ が与えられたとする．このとき，次の $X \times Z$ の部分集合
$$\{(x,z) \in X \times Z \mid \exists y \in Y((x\,R\,y) \wedge (y\,Q\,z))\}$$
をグラフに持つ関係を，Q と R の**合成関係** (composite relation) といい，$Q \circ R$ と記述する．つまり，$x\,(Q \circ R)\,z$ とは，適当な $y \in Y$ を仲介として，$x\,R\,y$ かつ $y\,Q\,z$ のようにつながる関係である．

例 3.24　集合 $A = \{a,b,c\}$，$B = \{1,2,3,4,5\}$ に対し，関係 $R: A \to B$ のグラフが
$$G(R) = \{(a,2),(b,2),(b,3)\}$$
であったとする．このとき，逆関係 R^{-1} のグラフは
$$G(R^{-1}) = \{(2,a),(2,b),(3,b)\}$$
となる．これは $G(R)$ の要素である各組の順序を入れ替えたものである．ここで $G(R) \subset A \times B$ であるのに対し，$G(R^{-1}) \subset B \times A$ となる点にも注意せよ．

次に R と R^{-1} の合成を考えてみる．合成の方法には，$R^{-1} \circ R$ と $R \circ R^{-1}$ があるが，前者は $x\,R\,y$ となる x に対し，$y\,R^{-1}\,z$ となる z を対応させる関係で，後者は $y\,R^{-1}\,z$ となる y に対し，$z\,R\,x$ となる x を対応させる関係である．合成するときには，右側の関係が先に用いられる点に注意しよう．それぞれ
$$G(R^{-1} \circ R) = \{(a,a),(a,b),(b,a),(b,b)\},$$
$$G(R \circ R^{-1}) = \{(2,2),(2,3),(3,2),(3,3)\}$$
となる．この例からもわかるように，一般に $R^{-1} \circ R$ と $R \circ R^{-1}$ は等しいとは限らない．

3.5 二項関係上の演算

例 3.25 集合 A, B, 関係 $R : A \to B$ は，先の例と同じものを使う．ここでは，さらに $C = \{X, Y, Z\}$ とし，次のようなグラフを持つ関係 $Q : B \to C$ を考える．

$$G(Q) = \{(1, Y), (2, Y), (2, Z), (4, X)\}.$$

この R と Q に対して，合成関係 $Q \circ R$ を求めてみよう．

$$G(Q \circ R) = \{(a, Y), (a, Z), (b, Y), (b, Z)\}$$

となる．

関係は図 3.1 のような図を用いて考えるとわかりやすい．このような図を**有向グラフ** (directed graph) といい[*1]，黒丸を**頂点** (node)，頂点から頂点への矢印を**有向辺** (directed edge) という．図を見れば明らかなように，各関係にかかわる要素を頂点とし，$x \, Q \, y$ という関係を頂点 x から頂点 y への有向辺であらわすのである．

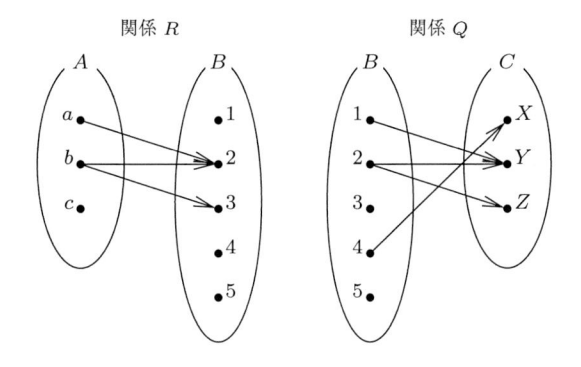

図 3.1 二項関係をあらわす有向グラフ

合成関係を考えるときには，合成する関係をあらわす 2 つの有向グラフを共通の頂点で，はり合わせた有向グラフを考える．たとえば，$Q \circ R$ の場合，次の図 3.2 左のように，B の要素に対応する頂点で，はり合わせる．

その上で，関係 R で有向辺が出ている頂点を始点として，それぞれ R と Q の辺をたどって行ける先に新たな有向辺を作る (図 3.2 右)．この有向辺があらわす関係が合成関係 $Q \circ R$ なのである．

[*1] 「グラフ」というものの，今まで考えてきたグラフとは，とくに関係はない．

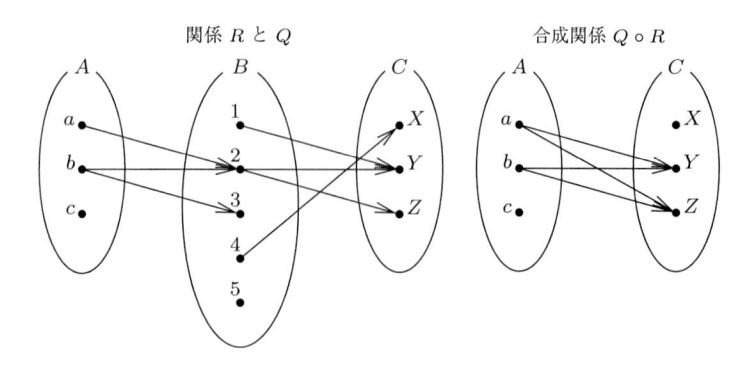

図 3.2　Q と R のはり合わせと合成関係 $Q \circ R$

例 3.26　集合 $Y = \{1, 2, 3, 4, 5\}$ 上の関係 $S : Y \to Y$ が，次のグラフで与えられているとする．
$$G(S) = \{(1, 2), (2, 3), (3, 4), (4, 5), (5, 1)\}$$
このとき合成関係 $S \circ S$ を求めよ．

解答　まず関係 S を有向グラフであらわす (図 3.3 左)．

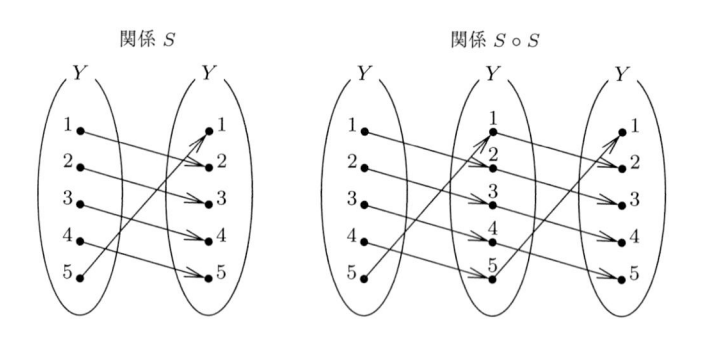

図 3.3　S と S のはり合わせ

この有向グラフで，各頂点を始点とし，有向辺を 2 つ進んで到達する先へ有向辺を作ると，その有向辺が $S \circ S$ の関係をあらわしていることになる．このグラフでは図 3.3 右のようになる．したがって
$$G(S \circ S) = \{(1, 3), (2, 4), (3, 5), (4, 1), (5, 2)\}$$

である.

逆関係や合成関係ほど頻繁には出てこないかもしれないが,次のような関係間の演算も知っておくとよいだろう.

例 3.27 集合 $A = \{a, b, c\}$, $B = \{1, 2, 3, 4\}$ に対し,2つの関係 $R : A \to B$ と $S : A \to B$ が,次のようなグラフで与えられたとする.
$$G(R) = \{(a, 2), (b, 2), (b, 3)\},$$
$$G(S) = \{(a, 4), (b, 3), (c, 1), (c, 4)\}.$$

このとき,$G(R) \cup G(S)$ をグラフとする関係,そして $G(R) \cap G(S)$ をグラフとする関係が,それぞれ定義できる.それぞれ,ここでは関係和と関係積と呼び[*2],$R \cup S$ と $R \cap S$ と書くことにしよう.つまり,$R \cup S$ と $R \cap S$ は,次のようなグラフで定義される関係である.
$$G(R \cup S) = \{(a, 2), (a, 4), (b, 2), (b, 3), (c, 1), (c, 4)\},$$
$$G(R \cap S) = \{(b, 3)\}.$$

関係 R と S を有向グラフであらわした場合には,関係 $R \cup S$ は R と S の有向辺をあわせた有向辺を持つグラフであり,関係 $R \cap S$ は R と S の両方に現れる有向辺からなるグラフである.

推移閉包 与えられた二項関係を元に,対称律,反射律,推移律などが成り立つ二項関係を作りたい場合がある.対称律や反射律を成り立たせるのは難しくない.それに対し,推移律を成立させる方法は,そう明らかではない.ここでは,そのための方法——推移閉包——について述べよう.これも二項関係に対する演算の一種である.

任意に与えられた集合 X と,その上の二項関係 R を考える.この R に対し,その二項関係の**冪乗** (power) R^n (ただし $n \in \mathbb{N}$) を次のように定義する.ここで,I は X 上の恒等関係 (例 3.1 参照) とする.
$$R^0 = I$$

[*2] この名称は,コンピュータのデータベースの理論などで現れてくるが,一般的によく使われている言い方というほどでもない.

$$R^{n+1} = R^n \circ R$$

これは帰納的定義と呼ばれる方法である[*3]．このように定義すると，次の性質が成り立つ．直感的には，この条件のほうが考えやすいだろう．

定理 3.28 R を X 上の二項関係とする．このとき任意の $x, y \in X$ と $n \geq 2$ に対し，それらが $x\,R^n\,y$ を満たすことの必要十分条件は

$$x\,R\,z_1,\ z_1\,R\,z_2, \ldots,\ z_{n-1}\,R\,y$$

となる $z_1, \ldots, z_{n-1} \in X$ が存在することである．ちなみに，$n = 1$ の場合は $x\,R\,y$ が，$n = 0$ の場合には $x = y$ が，それぞれ $x\,R^n\,y$ の必要十分条件になっている．

証明 帰納法により証明する．そのためにまず証明したいことを次のように明確にしておく．

$$x\,R^n\,y \Leftrightarrow \exists z_1, \ldots, z_{n-1} \in X(x\,R\,z_1,\ z_1\,R\,z_2, \ldots,\ z_{n-1}\,R\,y). \quad (3.2)$$

この関係は $n = 2$ のときは成立している．以下では，任意の n において関係 (3.2) が成立していると仮定して，$n+1$ のときに成立することを示す．$(x, y) \in G(R^{n+1})$ である必要十分条件は

$$x\,R^n\,z \wedge z\,R\,y$$

を満たす $z \in X$ が存在することである．一方，$x\,R^n\,z$ である必要十分条件は帰納法の仮定より

$$x\,R\,z_1,\ z_1\,R\,z_2, \ldots,\ z_{n-1}\,R\,z$$

となる $z_1, \ldots, z_{n-1} \in X$ が存在することであるので，上記の z を z_n と読み変えると，$(x, y) \in G(R^{n+1})$ である必要十分条件は

$$x\,R\,z_1,\ z_1\,R\,z_2, \ldots,\ z_{n-1}\,R\,z_n,\ z_n\,R\,y$$

を満たす $z_1, \ldots, z_{n-1}, z_n \in X$ が存在することになる．よって，$n+1$ のときも関係 (3.2) が成立する．したがって，帰納法によりすべての $n \in \mathbb{Z}$ において関係 (3.2) が成立する． $\square$

集合 X における二項関係 R に対し，次のようなグラフで定義される二項関

[*3] 帰納的定義ならびに帰納法による証明については第4章でくわしく説明する．

係 R^* を，R の**反射推移閉包** (reflexive transitive closure) という．
$$G(R^*) = \bigcup_{n=0}^{\infty} G(R^n).$$
一方，次のようなグラフで定義される二項関係 R^+ を，R の**推移閉包** (transitive closure) という．
$$G(R^+) = \bigcup_{n=1}^{\infty} G(R^n).$$
本書ではこれらの定義を採用するが，反射推移閉包を単に推移閉包と呼ぶ流儀もある．

反射推移閉包と推移閉包の例を 2 つ紹介しよう．

例 3.29 $\mathbb{Z}$ における二項関係 R を
$$m \, R \, n \Leftrightarrow m + 1 = n$$
と定義する．すなわち，$m \, R \, n$ は n は，m より 1 つ大きい，という関係である．この R に対し，$m \, R^+ \, n$ は $m < n$ という関係であり，$m \, R^* \, n$ は $m \le n$ という関係である．

例 3.30 推移閉包の意味は，有向グラフで考えるとわかりやすい．たとえば，10 個の都市の集合 T と，その都市 (の空港) 間の飛行機の運行状況をあらわす関係を考えてみよう．都市 $x, y \in T$ に対し，次のような二項関係を考える．
$$x \, F \, y \Leftrightarrow (x \text{ から } y \text{ への直通便がある}).$$
この二項関係を例 3.25 で述べた有向グラフであらわす．それが図 3.4 のようになっていたとしよう．ここでは都市名は $1, 2, \ldots, 10$ の数であらわしている．たとえば，都市 1 から都市 5 に有向辺があるので，$1 \, F \, 5$ が成り立っている，すなわち，直行便が就航していることになる．

この F に対し，F^2 は，1 回飛行機を乗り継いで行ける関係に対応する．正確には $x \, F^2 \, y$ は，x から y へ 1 回飛行機を乗り継いで行ける，と同値である．同様に，
$$x \, F^+ \, y \Leftrightarrow (x \text{ から } y \text{ へ何回か飛行機を乗り継いで行くことができる})$$
である．これを有向グラフで考えると，有向辺をたどって x から y へたどりつ

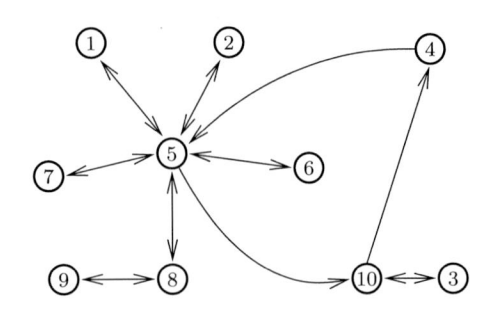

図 3.4 都市とそれを結ぶ飛行機便の就航関係
往復の関係にある 2 つの有向辺を両矢印であらわしている.

くことができる，という関係が $x F^+ y$ であることがわかるだろう．このような有向グラフ上の見方は，飛行機の乗り継ぎに限ったことではなく，一般にすべての二項関係とその推移閉包でも同じである．

すでに述べたように，推移閉包は，与えられた二項関係をもとに，それに関係を付け加えて推移律を成り立たせるようにする手法である．実際，推移閉包に関して次の定理が成り立つ．

定理 3.31 集合 X 上の二項関係を R とする．R の推移閉包 R^+ は推移律を満たす．S を推移律を満たす二項関係で $G(R) \subset G(S)$ を満たすものとすると，$G(R^+) \subset G(S)$ が成り立つ．すなわち R^+ は，R を含み推移律を持つ二項関係のうち，グラフの包含関係において最小のものである．

同様に，R^* は反射律と推移律を満たす．T を反射律と推移律を満たし $G(R) \subset G(T)$ を満たすものとすると，$G(R^*) \subset G(T)$ が成り立つ．すなわち R^* は，R を含み，反射律と推移律をもつ二項関係のうち，グラフの包含関係において最小のものである．

証明 定理の前半を示し，後半はほぼ同様なので省略する．

最初に R^+ が推移律を満たすことを示すために，任意の $x, y, z \in X$ を考え，$x R^+ y$ かつ $y R^+ z$ とする．まず，$x R^+ y$ より，$(x, y) \in G(R^+) =$

$\bigcup_{n=1}^{\infty} G(R^n)$ が成り立つ．よってある $n \geq 1$ が存在して $(x,y) \in G(R^n)$ が成り立つ．したがって定理 3.28 より，ある $u_1, u_2, \ldots, u_{n-1} \in X$ が存在して

$$x \, R \, u_1, \ u_1 \, R \, u_2, \ldots, \ u_{n-1} \, R \, y$$

が成り立つ (ただし $n = 1$ の場合には $x \, R \, y$ が成り立つ)．同様の議論により，$y \, R^+ \, z$ から，$m \geq 1$ と $v_1, v_2, \ldots, v_{m-1} \in X$ が存在して

$$y \, R \, v_1, \ v_1 \, R \, v_2, \ldots, \ v_{m-1} \, R \, z$$

が成り立つ (ただし $m = 1$ の場合には $y \, R \, z$ が成り立つ)．まとめると

$$x \, R \, u_1, \ u_1 \, R \, u_2, \ \ldots, \ u_{n-1} \, R \, y, \ y \, R \, v_1, \ v_1 \, R \, v_2, \ldots, \ v_{m-1} \, R \, z$$

となる．したがって，$x \, R^{n+m} \, z$, すなわち $(x, z) \in G(R^+)$ が得られる．よって $x \, R^+ \, z$ となる．

次に，推移律を満たし，$G(R) \subset G(S)$ を満たす二項関係 S を任意に 1 つ考え，それに対し $G(R^+) \subset G(S)$ を示す．そのためには，任意の $(x, y) \in G(R^+)$ を考え，それに対して $(x, y) \in G(S)$ を示せばよい．まず $(x, y) \in G(R^+)$ なので，上の議論と同様にして $(x, y) \in G(R^n)$ となる $n \geq 1$ と

$$x \, R \, z_1, \ z_1 \, R \, z_2, \ldots, \ z_{n-1} \, R \, y$$

となる $z_1, \ldots, z_{n-1}$ が存在する．ここで $G(R) \subset G(S)$ より，

$$x \, S \, z_1, \ z_1 \, S \, z_2, \ldots, \ z_{n-1} \, S \, y$$

も成り立つ．一方，S では推移律が成り立つので，上の関係から $x \, S \, y$ が成り立つ．つまり $(x, y) \in G(S)$ である． □

推移閉包の少し変わった応用例として，将棋の駒「角」の動きを分析してみよう．「筋違い角」という言葉がある．最初に並べられたときの位置と違う筋に駒「角」がおかれることをいう．経験上この「筋違い角」は将棋盤上をどう動かしても，元の「筋」には戻れない．これを同値類の見方から考えてみる．

まず，盤における駒の位置のあらわし方を決めよう．盤面は無限に広がっているものとし，$(m, n) \in \mathbb{Z} \times \mathbb{Z}$ で盤面上の位置をあらわすことにする．次に，この位置の間の二項関係 K として，1 手で角が動ける位置同士の関係を二項関係として定義する．ただし，将棋のルールと少しはずれるが，簡単のため「角」は 1 手で 1 マスづつしか動かさないことにする．つまり，与えられた位置 (m, n) に対し，$(m, n) \, K \, (m', n')$ が成り立つのは，次の 4 つの位置がすべてである．

すなわち (m', n') は

$(m-1, n-1), (m-1, n+1), (m+1, n-1), (m+1, n+1)$

のいずれか1つである．

さて，関係 K の反射推移閉包 K^* を考えると，これは角が移動できる位置関係をあらわしている．つまり，(m, n) に角があったとき，その位置から (複数手で) 角が行ける位置は，$(m, n)\ K^*\ (m', n')$ となるような (m', n') のみである．

K^* が同値関係であることは簡単に示せる．まず，反射律，推移律は，一般の反射推移閉包でも成り立つので K^* でも成り立つ．対称律も直感的には明らかである．(m, n) から (m', n') へ角が移動できるのであれば，その逆をおこなえば (m', n') から (m, n) へも移動できるからだ．この同値関係 K^* において，最初の配置と同値な位置が「元筋の角」であり，そうでないものが「筋違い角」である．

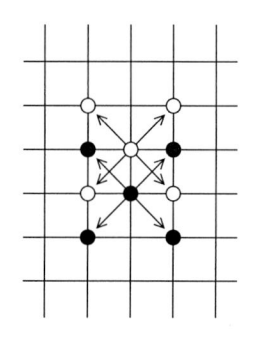

図 3.5 角の動き方
白丸から白丸へ，黒丸から黒丸へ，
各々一手で駒を動かせる．

例 3.32 盤面の位置 $(m, n), (j, k)$ に対し，$(m, n)\ K^*\ (j, k)$ が成り立つための必要十分条件を考えてみよう．

たとえば，現在の位置が $(1, 4)$ だったとする．この位置から駒を1マス動かして進める位置 (m', n') は8通りあるが，そのうち角の進み方ができるものは，

$$(0,3),\ (0,5),\ (2,3),\ (2,5)$$

の4つで，できないものは

$$(1,3),\ (1,5),\ (0,4),\ (2,4)$$

である．これをながめると，$m'+n'$ の偶奇が $m+n$ と等しいものが前者のグループ，異なるものが後者のグループになっていることがわかる．$1+4=5$ が奇数だが，前者はすべて和が奇数，後者はすべて和が偶数になっている．つまり，一般に $(m,n)\ K\ (m',n')$ が成り立つ (m',n') は，(m,n) の周囲の位置の中で $m'+n'$ の偶奇が $m+n$ と同じものだけなのである．

この関係は K を有限回繰り返して移りあえる場合でも同様に保持される．したがって，

$$(m,n)\ K^*\ (j,k) \Leftrightarrow (m+n \text{ と } j+k \text{ の偶奇が同じ})$$

が成り立つのである．

以上の考察をもとに，同値関係 K^* を用いて盤面の位置を分類してみよう．つまり，商集合 $(\mathbb{Z} \times \mathbb{Z})/K^*$ の分析である．

任意の位置 (m,n) に対し，$C((m,n))$ で，K^* による (m,n) の同値類をあらわすことにする．上の例での考察から，同値関係は $m+n$ の偶奇だけに依存するので，$(0,0)$ と $(0,1)$ は異なる同値類を形成する．つまり，$C((0,0)) \neq C((0,1))$ である．一方，それ以外のすべての組 (m,n) は，$m+n$ が偶数か奇数かのいずれかで，$C((0,0))$ か $C((0,1))$ のどちらかに属することになる．したがって，

$$(\mathbb{Z} \times \mathbb{Z})/K^* = \{C((0,0)), C((0,1))\}$$

である．このうち一方が，元筋の角位置であり，他方が筋違いの角位置である．つまり，筋違いの角位置は1種類しかなかったのである．

3.6 実数の構成 ※

この章では，自然数から整数を構成する方法や整数から有理数を構成する方法について述べた．そこで，有理数から実数を構成する方法を期待した読者も多いだろう．つまり，実数がない世界に，どのように実数を導入するか，という議論である．ここではカントール (Cantor) による有理数から実数を構成す

る方法について述べる.

有理数 $\mathbb{Q}$ についての性質は既知であるとする.すなわち,順序,四則演算,絶対値の定義がすでになされているとして実数を構成しよう.まず,基本列という概念を定義する.

有理数の列 $(p_n)_{n\in\mathbb{N}}$ が次の条件を満たすとき,この有理数列を**基本列** (fundamental sequence) または**コーシー列** (Cauchy sequence) であるという.

$$\forall \varepsilon > 0, \exists N \in \mathbb{N}, \forall m > N, \forall n > N \ (|p_m - p_n| < \varepsilon) \tag{3.3}$$

ただし,ここでは (以下の議論でも) とくに制限がない場合には数は有理数とする.たとえば,ε (イプシロン) の範囲は有理数である.

文章でいえば,基本列 $(p_n)_{n\in\mathbb{N}}$ とは,どんなに小さな正の有理数 ε に対しても,ある自然数 N を選べば,$|p_m - p_n| < \varepsilon$ がすべての自然数 $m > N, n > N$ に対して成立するような列である.少し先走っていえば,何かに「収束する」列であり,その収束先が定義したい実数なのである.以下では有理数の基本列の全体を F であらわす.なお,ここで考える有理数の列の添字は自然数なので,以下では $(p_n)_{n\in\mathbb{N}}$ を省略して (p_n) と書くことにする.

補題 3.33 任意の基本列は有界である.

証明 任意の基本列 (p_n) を考える.適当な有理数 $\varepsilon > 0$ を固定し,それに対して基本列の条件を満たす $N \in \mathbb{N}$ を考えると,任意の $m > N$ で $|p_m - p_{N+1}| < \varepsilon$ なので,
$$|p_n| \leq \max\{|p_1|, |p_2|, \cdots, |p_N|, |p_{N+1}| + \varepsilon\}$$
がすべての $n \in \mathbb{N}$ に対して成り立つ.したがって,右辺にある最大値 (これは存在する) が列 (p_n) のすべての要素の上界になっている.よって (p_n) は有界である. □

例 3.34 例として,例題 3.11 の解答で考えた次の漸化式
$$p_n = \begin{cases} 2, & n = 0 \text{ のとき,} \\ \dfrac{1}{2}p_{n-1} + \dfrac{1}{p_{n-1}}, & \text{その他 } (n > 0) \text{ のとき} \end{cases}$$
で定められる有理数の数列 (p_n) を考えよう.

3.6 実数の構成[※]

以前の議論で示したように，$|p_n - p_{n-1}| \leq (1/2)^n$ が成り立つ．したがって，正の整数 m, n に対し，$m > n$ のとき

$$|p_m - p_n| \leq \sum_{k=n+1}^{m} |p_k - p_{k-1}| \leq \sum_{k=n+1}^{m} \frac{1}{2^k} \leq \frac{1}{2^n}$$

となる．どんなに小さな正の有理数 ε に対しても，十分に大きな自然数 N を選べば，任意の $n > N$ に対して $(1/2)^n < \varepsilon$ となるので，(p_n) は $\mathbb{Q}$ において基本列となる．

ちなみに (p_n) は $\sqrt{2}$ に収束する．ただし，我々はまだ「実数」を構成していないので $\sqrt{2}$ は，今のところ未定義である．

こうした有理数の基本列を新たに構成する「実数」にしよう，というのが方針である．そこでまず，有理数の基本列 (p_n), (q_n) に対して順序関係を次のように定義する．

有理数の基本列 (p_n), (q_n) に対して，大小関係を次のように定義する．

$$(p_n) \leq (q_n) \Leftrightarrow \forall \varepsilon > 0, \exists N \in \mathbb{N}, \forall n > N \, (p_n - q_n < \varepsilon) \qquad (3.4)$$

基本列 (p_n), (q_n) が，つねに $p_n \leq q_n$, つまり $p_n - q_n \leq 0$ を満たしていれば，当然，上記の条件は満たされる．しかし，たとえそうでなくても，どんなに小さな正の有理数 ε に対しても，n が十分大きくなれば必ず $p_n - q_n < \varepsilon$ となればよい，というのが上記の大小関係の条件である．

この大小関係を使って基本列の等号を定義する．有理数の基本列 (p_n), (q_n) に対し，$(p_n) \leq (q_n)$ でありかつ $(q_n) \leq (p_n)$ であるとき，$(p_n) = (q_n)$ と定義しよう．しかし，このように記号 $=$ を用いると「まったく同じ数列」という意味の $=$ と混同してしまう．そこで以下では，数列がまったく同じという意味での等号には $\equiv$ を用いることにする．

$(p_n) = (q_n)$ の意味を考えてみよう．これは要するに，任意の $\varepsilon > 0$ に対して

$$\exists N_1 \in \mathbb{N}, \forall n > N_1 \, (p_n - q_n < \varepsilon) \land \exists N_2 \in \mathbb{N}, \forall n > N_2 \, (q_n - p_n < \varepsilon)$$

が成り立つことである．これは次のように変形できる．

$$\exists N_1 \in \mathbb{N}, \forall n > N_1 (p_n - q_n < \varepsilon) \land \exists N_2 \in \mathbb{N}, \forall n > N_2 (q_n - p_n < \varepsilon)$$
$$\Leftrightarrow \exists N_1, N_2 \in \mathbb{N}, \forall n > \max\{N_1, N_2\}(p_n - q_n < \varepsilon \land q_n - p_n < \varepsilon))$$
$$\Leftrightarrow \exists N \in \mathbb{N}, \forall n > N(|p_n - q_n| < \varepsilon).$$

したがって，
$$(p_n) = (q_n) \Leftrightarrow \forall \varepsilon > 0, \exists N \in \mathbb{N}, \forall n > N(|p_n - q_n| < \varepsilon) \qquad (3.5)$$
が成り立つ．

ここで定義した等号 = は同値関係である．そこで有理数の基本列の全体 F に対して，この同値関係 = による商集合 $F/=$ を定義することができるが，これが我々の定義したい新しい $\mathbb{R}$ である．この $\mathbb{R}$ の要素を以下では**実数** (real number) と呼ぶことにしよう．したがって，この実数の実体は同値類 $[(p_n)]$ である．

例 3.35 有理数 q に対しては，すべての $n \in \mathbb{N}$ に対し $p_n = q$ と定義した数列 (p_n) を考えると，それは基本列である．このような列を (q) とあらわすことにする．この $[(q)]$ を有理数 q と新たに定義しなおすと，我々の新しい実数の全体が有理数も含むことになる．

同値類 $[(q)]$ の要素は1つではない．たとえば，各 $n \in \mathbb{N}$ に対して次のように定義される2つの数列 (p_n) と (q_n) を考えよう．
$$p_n = 1,$$
$$q_n = 1 - (1/10)^n.$$
これらは基本列であり，定義に基づいて考えれば，$(p_n) = (q_n)$ は簡単に示せる．したがって，$(q_n) \in [(p_n)]$ であり，$[(p_n)] = [(q_n)]$ である．我々の解釈では $[(p_n)] (= [(1)])$ は有理数1に対応するものであるが，$[(q_n)]$ も同様に同じ有理数1をあらわしているのである．

基本列の中には有理数に対応しないものもある．それがあらわしているのが有理数ではない実数，すなわち無理数である．たとえば，先の例 3.34 で考えた基本列 (p_n) に対しては，どのような有理数 (に対応する基本列) も等しくはならないのである．

「実数」という数を新たに定義したのであるから，それに対する基本的な演算等も新たに定義しなければならない．それらがそろって，はじめて「実数」という概念が定義されたことになる．以下で，実数に関する基本的な演算などを定義しよう．

3.6 実数の構成※

まず実数の大小関係を定義する．これは基本列の大小関係を用いればよい．つまり，$x = [(p_n)], y = [(q_n)]$ に対して，大小関係 $x \leq y$ を

$$x \leq y \Leftrightarrow (p_n) \leq (q_n)$$

と定義する．この定義は代表要素のとり方によらない．また，$x \leq y$ かつ $y \leq x$ のとき $x = y$ となることも，この定義から導ける．なお，関係 $x < y$ を $x \leq y$ かつ $x \neq y$ と定義する．そうすると，たとえば「正の実数」という概念も，正確にはこの関係を用いて「$x > 0$ となる実数 x」と定義し直されることになる．なお，ここでの 0 は，正確には $[(0)]$ のことである．

実数 x に対し絶対値 $|x|$ を定義しよう．基本列 (p_n) に対し，

$$||p_m| - |p_n|| \leq |p_m - p_n|$$

なので $(|p_n|)$ も基本列となる．この $(|p_n|)$ を代表要素として持つ同値類 $[(|p_n|)]$ を $|x|$ であらわし，x の**絶対値** (absolute value) と呼ぶ．この定義が基本列の選び方によらないことを以下に示す．$(p_n) = (p'_n)$ とすると，

$$||p'_n| - |p_n|| \leq |p'_n - p_n|$$

であるから，$(|p'_n|) = (|p_n|)$ となる．これより $|x|$ は基本列の選び方によらないことがわかり，x によって一意的に決まる．

実数間の演算を定義する．実数 $x = [(p_n)], y = [(q_n)]$ に対して，その間の四則演算を次のように定義する．

$$x + y = [(p_n + q_n)], \quad x \cdot y = [(p_n q_n)],$$
$$x - y = [(p_n - q_n)], \quad x/y = [(p_n/q_n)].$$

ただし，割り算においては $y \neq [(0)]$ とする．

この定義の妥当性を示すには，たとえば，まず $(p_n + q_n)$ が基本列であることを示し，次に $[(p_n + q_n)]$ が基本列のとり方によらないことを示す必要がある．読者はこの事実を証明してほしい．なお，有理数 p, q に対し，たとえば $[(p)] + [(q)] = [(p+q)]$ となることから，有理数上では従来の有理数上の和と同じ計算になっている．このことも重要である．最後に実数 x, y に対し

$$|x + y| \leq |x| + |y|$$

が成立することに注意しよう．これは実数の絶対値についての三角不等式と呼ばれる．これは $x = (p_n), y = (q_n)$ とおくと

$$|p_n + q_n| \leq |p_n| + |q_n|$$

からしたがうことがわかる.

「実数」の性質　以上で新たな「実数」の概念が整ったことになる. 直感的に考えていた「実数」に対し, 厳密な定義を与えたことになる. このような基盤に立てば, 実数に対する様々な性質を証明することができるのである. その例を2つ紹介しよう.

定理 3.36 (アルキメデス (**Archimedes**) の公理)　任意の正の実数 x, y に対して, $kx > y$ となる正の整数 k が存在する.

どんなに x が小さくても 0 でない限り, どのような大きな y に対しても, 十分に大きな自然数 k との積 kx を考えれば y よりも大きくできる, という定理である. 直感的には明らかだろう. 実際, これが (古い意味での) 有理数 p, q に対して成り立つことは, 次のように簡単に示せる. 適当な正の整数 a に対して $p \geq 1/a$ である. 実際, p は分数 c/a とあらわせるので, その分母の a を用いれば $p \geq 1/a$ が成り立つ. 同様に $q < b$ となる正の整数も存在する. したがって, $k = a \cdot b$ とすれば,

$$kp \geq (a \cdot b)(1/a) = b > q$$

となる.

実数は無限列 (の同値類) なので, ちょっとした技法が必要である. その証明を見てみよう.

証明　実数 x, y に対応する基本列 (の同値類) を $x = [(p_n)], y = [(q_n)]$ とする. x が正なので, 定義から $[(p_n)] \not\leq [(0)]$ である. これより, 次が成り立つような, ある正の有理数 p と $N_1 \in \mathbb{N}$ が存在する (次の例題参照).

$$\forall n > N_1 (p_n \geq p).$$

一方, (q_n) が基本列であり, そのため有界であることから, 次が成り立つような有理数 q と $N_2 \in \mathbb{N}$ が存在する.

$$\forall n > N_2 (q_n < q).$$

そこで $N_0 = \max\{N_1, N_2\}$ とし, 任意の $n > N_0$ を固定して考えると

3.6 実数の構成※

$$p_n \geq p \land q_n < q$$

が成り立つ. この有理数 p, q に対してアルキメデスの公理 (先の議論) を用いれば $kp > q$ なる正の整数 k の存在を示せる. その k を用いれば

$$q_n < q < kp \leq kp_n.$$

以上は任意の $n > N_0$ に対して成り立ったので

$$\forall \varepsilon > 0, \forall n > N_0 (q_n - kp_n < 0 < \varepsilon)$$

となるため, 基本列の大小関係の定義から $(q_n) \leq (kp_n)$ が導かれる. したがって $[(q_n)] \leq [(kp_n)]$ である.

一方, $\varepsilon_0 = kp - q$ とすると, $\varepsilon_0 > 0$ であり, $kp_n - q_n > kp - q$ より,

$$\forall n > N_0 (kp_n - q_n \geq \varepsilon_0)$$

なので

$$\forall \varepsilon > 0, \exists N \in \mathbb{N}, \forall n > N (kp_n - q_n < \varepsilon)$$

は成り立たない. よって $(q_n) \neq (kp_n)$, つまり $[(q_n)] \neq [(kp_n)]$ である. 以上から $[(q_n)] < [(kp_n)]$ が導かれた. □

例題 3.37 $[(p_n)] > 0$ に対して, 次が成り立つような, ある正の有理数 p と $N_1 \in \mathbb{N}$ が存在することを証明せよ.

$$\forall n > N_1 (p_n \geq p).$$

解答 $[(p_n)] > 0$ ということは, $[(0)] \leq [(p_n)]$ であり, $[(p_n)] \leq [(0)]$ でない, ということである. この後者に注目する. これは

$\neg (\forall \varepsilon > 0, \exists N \in \mathbb{N}, \forall n > N (p_n < \varepsilon)) \Leftrightarrow \exists \varepsilon > 0, \forall N \in \mathbb{N}, \exists n > N (p_n \geq \varepsilon)$

の右式のように言い換えられる. つまり

$$\forall N \in \mathbb{N}, \exists n > N (p_n \geq \varepsilon_0) \tag{3.6}$$

となる有理数 $\varepsilon_0 > 0$ が存在する. 直感的には (飛び飛びかもしれないが) 少なくとも無限個の n で $p_n \geq \varepsilon_0$ となっている, ということである.

一方, (p_n) は基本列なので,

$$\forall \varepsilon > 0, \exists N \in \mathbb{N}, \forall m > N, \forall n > N (|p_m - p_n| < \varepsilon)$$

である. したがって $\varepsilon_0 / 2$ に対しても, ある $N_1 \in \mathbb{N}$ を考えると

$$\forall m > N_1, \forall n > N_1(|p_m - p_n| < \varepsilon_0/2) \qquad (3.7)$$

となる.

式 (3.6) から, この N_1 に対しても $p_{n_0} \geq \varepsilon_0$ を満たす $n_0 > N_1$ が存在する. しかも式 (3.7) より, 任意の $m > N_1$ に対して $|p_m - p_{n_0}| < \varepsilon_0/2$ であり, したがって $p_m > p_{n_0} - \varepsilon_0/2$ である. ゆえに

$$\forall m > N_1 (p_m > p_{n_0} - \varepsilon_0/2 \geq \varepsilon_0 - \varepsilon_0/2 = \varepsilon_0/2)$$

である. これは $p = \varepsilon_0/2, m$ を n と読み換えれば, 目標の式である. ∎

有理数の基本列という概念を導入したが, 実数の列に対しても (我々の新たな解釈のもとで) 条件式 (3.3) を満たす列を考えることができる. そのような列を実数の基本列と呼ぶことにする (実数列を考える場合, 式 (3.3) の ε の範囲を実数としてもよいが, 本質的な差はないので, 簡単のため, ここでは有理数のままとする).

一方, 実数列 (x_n) がある実数 y に対して

$$\forall \varepsilon > 0, \exists N \in \mathbb{N}, \forall n > N\,(|y - x_n| < \varepsilon)$$

を満たすとき, 列 (x_n) は y に**収束** (convergence) するという. また列 (x_n) を (実数 y への) 収束列といい, y を, その**極限** (limit) と呼び $\lim_{n\to\infty} x_n = y$ であらわす.

有理数列も含め, 収束列は基本列である. しかし, 有理数の世界では, 基本列が収束列であるとは限らない. 収束する先の数が (有理数内に) ない場合があるからである. それに対し, 実数の世界では, 基本列は必ず何らかの数に収束する. この性質を実数の完備性という. 一般に, 数の集合 X を考えたとき, X 上の基本列がすべて, X の要素に収束するとき, その X は**完備** (complete) であるという. このいい方にしたがえば, $\mathbb{Q}$ は完備ではないが, $\mathbb{R}$ は完備である.

定理 3.38 実数の集合 $\mathbb{R}$ は完備である.

証明 実数の基本列 (x_n) が与えられたとする. まず (x_n) が基本列であることから導ける性質を整理しておこう. 基本列の定義から, 任意の有理数 $\varepsilon > 0$ に対して, ある N_ε を考えると, すべての $n, m \geq N_\varepsilon$ に対して, $|x_n - x_m| < \varepsilon$ となるはずである. x_n の代表要素を $(q_{n,j})_{j \in \mathbb{N}}$ とおく. 各 $n \geq 1$ に対して $(q_{n,j})_{j \in \mathbb{N}}$

は基本列であるから，
$$\exists N' \geq 1, \forall j \geq N', \forall k \geq N' \left(|q_{n,j} - q_{n,k}| < 1/n\right)$$
が成立する．このような N' のなかで最小のものを $g(n)$ とおくと
$$\forall j \geq g(n), \forall k \geq g(n) \left(|q_{n,j} - q_{n,k}| < 1/n\right)$$
が成立する．これにより
$$\forall j \geq g(n) \left(|q_{n,j} - x_n| \leq 1/n\right)$$
が成立することに注意しよう．次に
$$p_n = q_{n, n+g(n)}$$
とおく．すべての $m \geq 1$, $n \geq 1$ に対し
$$|p_m - p_n| = |q_{m, m+g(m)} - q_{n, n+g(n)}|$$
$$\leq |q_{m, m+g(m)} - x_m| + |x_m - x_n| + |x_n - q_{n, n+g(n)}|$$
$$\leq 1/m + |x_m - x_n| + 1/n$$
が成立する．

与えられた有理数 $\varepsilon > 0$ に対し $M_\varepsilon \in \mathbb{N}$ を $M_\varepsilon \geq \max\{3/\varepsilon, N_{\varepsilon/3}\}$ を満たす最小の整数とおく．このとき上に述べた式により
$$\forall m \geq M_\varepsilon, \forall n \geq M_\varepsilon (|p_m - p_n| < \varepsilon)$$
が成立するので，(p_n) は有理数の基本列となる．それにより定まる実数 $[(p_n)]$ を y とおくと，$|x_n - y|$ が 0 に収束することを示そう．まず
$$\forall n \geq 1 (|p_n - x_n| \leq 1/n)$$
が成立する．各 $n \geq M_\varepsilon$ に対して
$$j \geq \max\left\{N_{\varepsilon/3}, g(n), 3/\varepsilon\right\}$$
を満たす j は
$$|q_{n,j} - p_j| \leq |q_{n,j} - x_n| + |x_n - x_j| + |x_j - p_j|$$
$$\leq 1/n + |x_n - x_j| + 1/j < \varepsilon$$
を満たす．このとき
$$|x_n - y| = [(|q_{n,j} - p_j|)_{j \in \mathbb{N}}]$$
であるから $|x_n - y| \leq \varepsilon$ が $n \geq M_\varepsilon$ の仮定の下で成立することがわかる．以上により

$$\forall \varepsilon > 0, \exists M_\varepsilon, \forall n \geq M_\varepsilon (|x_n - y| \leq \varepsilon)$$

が成立し, (x_n) は y に収束することが証明された. □

有理数の基本列すなわち実数 $x = (p_n)$ が与えられたとする. 正の有理数列 $(\varepsilon_N)_{N \in \mathbb{N}}$ で $\lim_{N \to \infty} \varepsilon_N = 0$ を満たすものが存在して

$$|p_n - p_j| < \varepsilon_N$$

がすべての $j, n > N$ に対して成り立つ. これは $|p_n - x| \leq \varepsilon_N$ が $n > N$ に対して成り立つことを意味する. どんなに小さい正の実数 ε に対しても $\varepsilon_N < \varepsilon$ となる $N \in \mathbb{N}$ をとれるから

$$|p_n - x| < \varepsilon$$

が $n > N$ に対して成り立つ. よって実数に対してはそれに収束する有理数の数列がとれることがわかった. この事実を有理数の集合 $\mathbb{Q}$ は $\mathbb{R}$ で**稠密** (dense) であるという.

例題 3.11 で示したように, 有理数だけに限って議論している場合には, 最小要素を持たない集合がある. また, そのために上限 $\sup A$ を持たない集合 A も存在する (例 3.10). それに対し, 実数まで拡張した場合には, 上に有界な集合であれば必ず上限を持つ. これは実数の連続性と呼ばれ, 微分積分学において重要な役割を果たす.

定理 3.39 (実数の連続性)　$\mathbb{R}$ の空でない部分集合 A が上に有界であれば上限 $\sup A$ が存在する. 同様に A が下に有界であれば下限 $\inf A$ が存在する.

証明　下限は上限と同様に議論できるので, 上限のみを証明する.

A の任意の要素を 1 つ考える. これを x とする. また, A の上界を任意に 1 つ考え, これを y とする. この x, y に対し, 有理数 a_0, b_0 で, $a_0 < x, y < b_0$ を満たすものを考え (必ず存在する), 区間 $I_0 = [a_0, b_0]$ と定義する. このとき $x \in I_0$ なので, $A \cap I_0 \neq \emptyset$ である.

この I_0 を出発点にして, 以下, 帰納的に区間 $I_k = [a_k, b_k]$ を定める. I_{k-1} まで定まったとして, I_k は次のように定める. もし

$$A \cap \left[\frac{a_{k-1} + b_{k-1}}{2}, b_{k-1}\right] \neq \emptyset$$

ならば
$$I_k = \left[\frac{a_{k-1} + b_{k-1}}{2}, b_{k-1}\right]$$
とする. そうでないならば
$$I_k = \left[a_{k-1}, \frac{a_{k-1} + b_{k-1}}{2}\right]$$
とする. (帰納法の仮定より) $I_{k-1} \cap A \neq \emptyset$ で, しかも
$$I_{k-1} = \left[a_{k-1}, \frac{a_{k-1} + b_{k-1}}{2}\right] \cup \left[\frac{a_{k-1} + b_{k-1}}{2}, b_{k-1}\right]$$
なので, どちらかは空でなく, したがって I_k も空でない. このように区間の集合 (I_k) と, その両端点 (a_k, b_k) を帰納的に定義すると, 帰納法によって, すべての a_k に対して, 必ず $a_k \leq x$ となる $x \in A$ が存在することが示せる. 同様に, すべての b_k が, A の上界になっていることも示せる.

この区間の集合については, I_k の長さが 0 に収束することや, (b_k) が有理数の基本列となることが証明できる (章末問題参照). つまり, 実数 $z = [(b_k)]$ が定義される. この z が $\sup A$ になっている. まず, 任意の $x \in A$ について $x \leq z$ となることが示せる. つまり, z は A の上界である. 一方, z' を $z' < z$ となる実数とすると, $z' < a_k < z$ となる k が存在し, $a_k < x$ となる $x \in A$ が存在するので, z' は A の上界にはなれない. よって z は最小の上界, すなわち $\sup A$ である. □

Coffee Break #3

実数について

$0.\dot{9} = 0.99999999\ldots$ がなぜ 1 に等しいか議論したことはないだろうか. また円周率 π を何万桁も計算または暗記した話をきいて

$$3.1415926535897932384626433832795 0288\ldots$$

の「$\ldots$」の部分がとらえどころのない気がしたことはないだろうか.

前者について通常よく用いられる説明は以下の通りである.

$$x = 0.99999999\ldots$$

とおく. これより

$$10x = 9.9999999\ldots$$

である. 両辺の差をとると $9x = 9$ となり $x = 1$ が導かれるというものである. この論法は最初の式から 1 を引いて

$$x - 1 = 0.00000000\ldots$$

だから $x = 1$ であると結論づけることと変わりはない. 本章に基づく説明は以下の通りである.

$$p_n = 1, \quad q_n = 1 - (1/10)^n$$

とし, 1 と $0.\dot{9}$ とはそれぞれ有理数の基本列 (p_n) と (q_n) である.

$$\lim_{n\to\infty} |p_n - q_n| = \lim_{n\to\infty} \frac{1}{10^n} = 0$$

より (p_n) と (q_n) は等しい. すなわち $(p_n) = (q_n)$ であるから $1 = 0.\dot{9}$ が導かれる.

今度は円周率 π について述べよう. π をあらわす級数は数多く知られている. その一例として

$$p_n = 16 \sum_{k=0}^{n} \frac{(-1)^k}{2k+1} \left(\frac{1}{5}\right)^{2k+1} - 4 \sum_{k=0}^{n} \frac{(-1)^k}{2k+1} \left(\frac{1}{239}\right)^{2k+1}$$

とおくと, 基本列 (p_n) の同値類 $[(p_n)]$ が π を与える. 労をいとわなければどんな桁までも計算できる. $n \to \infty$ とおいたものはマチン (Machin) の級数とよばれている.

章末問題

25. $A = \{a, b, c, d\}$ と，その冪集合 2^A を考える．$X = 2^A \setminus \{\emptyset, A\}$ とおく．X に包含関係 $\subset$ を順序としていれるとき，順序集合 $(X, \subset)$ に最大要素，最小要素，極大要素，極小要素が存在するか否かを述べ，存在すればそれらを求めよ．

26. X を，36 を割り切る 1 より大きい正の整数からなる集合とする．$m, n \in X$ に対して，n が m を割り切る $n \mid m$ を順序として入れる．つまり，
$$n \leq m \Leftrightarrow n \mid m$$
と定義する．このとき最大要素，最小要素，極大要素，極小要素が存在するか否かを述べ，存在すればそれらを求めよ．

27. $\mathbb{R}$ は，$\mathbb{N}, \mathbb{Z}, \mathbb{Q}$ のいずれとも順序同型でないことを示せ．また $\mathbb{N}$ は，$\mathbb{Z}, \mathbb{Q}, \mathbb{R}$ のいずれとも順序同型ではないことを証明せよ．

28. $\mathbb{R}$ において
$$G = \{(x, y) \mid (y^2 - x^2)(1 - x^2 - y^2) = 0\}$$
をグラフとする関係は同値関係となるかどうかを論ぜよ．

29. 順序集合 $(X, \leq)$ とその部分集合 M に対し，$L(M)$ を M の下界の集合とする．次の問いに答えよ．
  (1) M に最小要素がある場合とない場合で，それぞれ $L(M) \cap M$ がどのような集合になるかを示せ．
  (2) M に最小要素がある場合，それは $L(M)$ の最大要素 (したがって M の下限) となることを示せ．

30. 順序集合 $(X, \leq)$ とその部分集合 M を考え，次の問いに答えよ．
  (1) ある要素 $a \in X$ に対し，(i) それが M の最大要素であること，(ii) それが M の極大要素であること，を，それぞれ論理式を用いて示せ．
  (2) 上の問いで得られた論理式をヒントに，M の最大要素が存在したとすると，それは M の唯一の極大要素であることを示せ．
  (3) 上の問いで得られた論理式をヒントに，順序 $\leq$ が全順序のときには，M の極大要素が存在したならば，それは M の最大要素になることを示せ．

31. 集合 X とその上の同値関係 $\sim$ に対し，その同値関係による商集合を $X/\sim = \{C(x) \mid x \in X\}$ とする．このとき，任意の $a, b \in X$ に対し，$C(a) \cap C(b) \neq \emptyset$ ならば $C(a) = C(b)$ となることを示せ．

32. 例 3.22 に示した有理数の構成法について次の問いに答えよ．
  (1) 例中に定義した $\sim$ が同値関係になっていることを示せ．
  (2) 例中に定義した大小関係が妥当な定義であり，かつ順序関係になっていること

を示せ．
(3) 例中に定義した和の計算，積の計算が，それぞれ妥当な定義になっていることを示せ．

33. 与えられた二項関係をもとに，対称律や反射律が成り立つ二項関係を作る方法について，次の問いに答えよ．

(1) 集合 $V = \{1,2,3,4,5\}$ 上の二項関係で次のグラフで定義される関係 S を考える．
$$G(S) = \{(1,2),(2,3),(3,4),(4,5),(5,1)\}$$
この二項関係では，対称律，反射律は成り立たない．$G(S)$ に適当な要素を最小限追加し，対称律が成り立つような関係を作れ．同様に反射律が成り立つような関係を作れ．

(2) 一般に集合 X 上の二項関係 R に対し，そのグラフ $G(R)$ をどのように拡張すれば，対称律，あるいは反射律が成り立つ二項関係が作れるかを論ぜよ．

34. 将棋における桂馬の動きを考えてみよう．将棋の規則からはずれるが後ろ向きにも動けるものを考えてみる．無限に広い将棋盤 $\mathbb{Z} \times \mathbb{Z}$ において，$(m,n) \in \mathbb{Z} \times \mathbb{Z}$ に対して次の 1 手で (m',n') に動けるとする．すなわち (m',n') は
$$(m+1,n+2),\ (m-1,n+2),\ (m+1,n-2),\ (m-1,n-2)$$
のいずれか 1 つである．これを二項関係で $(m,n)\ R\ (m',n')$ とおく．このとき次の設問に答えよ．

(1) R の反射推移閉包 R^* は同値関係であることを示せ．
(2) $(m,n), (p,q)$ に対し，$(m,n)\ R^*\ (p,q)$ が成り立つ必要十分条件を述べよ．
(3) $(\mathbb{Z} \times \mathbb{Z})/R^*$ をもとめよ．

35. 将棋盤 (チェス盤) $\mathbb{Z} \times \mathbb{Z}$ において駒「ポーン」の動きを考えよう．$(m,n) \in \mathbb{Z} \times \mathbb{Z}$ に対して次の 1 手で (m',n') に動ける駒を考える．すなわち (m',n') は次のいずれか 1 手である．
$$(m-1,n+1),\ (m,n+1),\ (m+1,n+1)$$
これを二項関係で $(m,n)\ R\ (m',n')$ とおく．このとき推移閉包 R^+，反射推移閉包 R^* を求めよ．

36. $X = [0,4]$ における二項関係 R を
$$G(R) = \{(x,x+1) \mid 0 \leq x \leq 2\}$$
で定める．このとき推移閉包 R^+，反射推移閉包 R^* を求めよ．

37. 定理 3.39 の証明で構成した区間 I_k の集合とその両端点の列 $(a_k),(b_k)$ について，次の問いに答えよ (一般には a_k, b_k も実数になる可能性があるが，証明を簡素化

するために，ここでは A の要素と x, y がすべて有理数であり，a_k, b_k が有理数の場合のみ考えることにする)．

(1) I_k の長さが 0 に収束することを示せ．
(2) (b_k) が基本列になることを示せ．
(3) z を基本列 (b_k) で定義された実数とする．つまり，$z = [(b_k)]$ とする．すべての $x \in A$ に対して，$x \leq z$ が成り立つことを示せ．

第 4 章
数学的論法

ここまでの章で，数学の基礎となる様々な概念や記号の使い方，そして基本的な論理の進め方を学んできた．本章では，それらを駆使して数学的論法を進める技術，そしてそれを応用する方法について述べる．

数学的論法の根幹は証明である．ここでは第 1 章で学んだ論理や推論の基礎をもとに，数学でよく用いられている証明技法について説明する．

最後に本書のまとめとして，数学的論法を活用していくために重要な点を解説し，数学的論法の情報処理の分野での活用例を紹介する．

4.1 対偶による証明

命題 $P \to Q$ に対する対偶命題は $\neg Q \to \neg P$ だったが，推論でも同様に，$P \Rightarrow Q$ と $\neg Q \Rightarrow \neg P$ を (互いに) 対偶という．対偶命題の真偽値が一致することを応用すれば，$P \Rightarrow Q$ が成り立てば，$\neg Q \Rightarrow \neg P$ も成り立つ．この関係を使って証明する方法を，一般に**対偶による証明** (proof by contrapositive) という．

たとえば，ピタゴラスの定理は，一般の三角形 ABC において (辺 AC が最も長い辺としたとき)，

$$(\text{ABC が直角三角形}) \Rightarrow \text{AB}^2 + \text{BC}^2 = \text{AC}^2$$

であるが，その対偶の

$$\text{AB}^2 + \text{BC}^2 \neq \text{AC}^2 \Rightarrow (\text{ABC は直角三角形でない})$$

も成り立つ．これを使えば，たとえば「3 辺の長さが各々 3, 4, 6 である三角形は直角三角形ではない」ことが証明できる．

このような論法が対偶による証明である．この対偶による証明の有効な例を

4.1 対偶による証明

1つ示そう．

その説明のために，いくつか概念を準備する．自然数上の演算として余りを求める演算 (剰余演算) を考え，この演算を mod とあらわすことにする．たとえば，$12 \bmod 5 = 2, 120 \bmod 30 = 0$ のように計算される．

例 4.1 演算 $a \bmod n$ の結果が 0 ということは，「a が n で割り切れる」ということにほかならない．したがって，例 3.14 で定義した同値関係 $\equiv_n$ は，次のように特徴付けられる．

$$a \equiv_n b \iff (a - b) \bmod n = 0 \iff a \bmod n = b \bmod n.$$

割る数 n を固定して剰余演算を考える場合がある．このような剰余演算を n **を法とする剰余演算**という．とくに素数を法とする剰余演算には，おもしろくかつ重要な性質がある．

例 4.2 素数 n を法とする剰余演算の性質を 1 つ紹介する．任意の正の整数 $a < n$ を 1 つ考えよう．これに対し，$1, \ldots, n-1$ の数をかけて剰余をとると，すべてが異なった数となる．

たとえば，$a = 5, n = 13$ の場合，

$$\begin{aligned}
5 \times 1 \bmod 13 &= 5, & 5 \times 7 \bmod 13 &= 9, \\
5 \times 2 \bmod 13 &= 10, & 5 \times 8 \bmod 13 &= 1, \\
5 \times 3 \bmod 13 &= 2, & 5 \times 9 \bmod 13 &= 6, \\
5 \times 4 \bmod 13 &= 7, & 5 \times 10 \bmod 13 &= 11, \\
5 \times 5 \bmod 13 &= 12, & 5 \times 11 \bmod 13 &= 3, \\
5 \times 6 \bmod 13 &= 4, & 5 \times 12 \bmod 13 &= 8
\end{aligned}$$

のようになる．

この性質は次のような論理式で厳密にあらわすことができる (ただし，$N_{<n}$ は $n-1$ 以下の正の整数の集合とする)．

$$\forall a, b_1, b_2 \in N_{<n}(b_1 \neq b_2 \to (a \cdot b_1) \bmod n \neq (a \cdot b_2) \bmod n) \quad (4.1)$$

この性質には，いろいろな応用がある．たとえば，この性質から，$(a \cdot b) \bmod$

$n = 1$ となる b の存在が示せる.というのも,$b = 1, \ldots, n-1$ までをかけて剰余した結果は $1, \ldots, n-1$ のみであり,そのすべてが異なるのであるから,その中に $1, \ldots, n-1$ は1度ずつ登場するはずで,したがって,どこかで $(a \cdot b) \bmod n = 1$ となる b が現れるからである.上の例では $\times 8$ で1が得られている.剰余をとる mod の部分を無視して見ると,ちょうど 8 が,有理数の $1/5$ のような役割を果たしていることがわかる.このような数の存在は重要で,これにより n を法とした剰余のもとでは,割り算に対応する演算が定義できるのである (くわしくは整数論などの教科書を参照).

そのほかにも,フェルマーの定理と呼ばれる整数論の重要な基本定理も,この性質から導き出すことができる (章末問題参照).

例題 4.3 任意の素数に対して,上記の性質 (4.1) が成り立つことを示せ.すなわち次を示せ.

$(n \text{ が素数}) \to \forall a, b_1, b_2 \in N_{<n}(b_1 \neq b_2 \to (a \cdot b_1) \bmod n \neq (a \cdot b_2) \bmod n).$

解答 対偶を示す.つまり,結論の否定を仮定して,それから n が素数でないことを導き出す.

結論の否定を論理の計算で変形すると

$\neg(\forall a, b_1, b_2 \in N_{<n}(b_1 \neq b_2 \to (a \cdot b_1) \bmod n \neq (a \cdot b_2) \bmod n))$
$\Leftrightarrow \exists a, b_1, b_2 \in N_{<n}(b_1 \neq b_2 \land (a \cdot b_1) \bmod n = (a \cdot b_2) \bmod n)$

となる.ここで b_1, b_2 のうち,大きい方を b_1 とすると,

$(a \cdot b_1) \bmod n = (a \cdot b_2) \bmod n \Rightarrow (a \cdot b_1 - a \cdot b_2) \bmod n = 0$
$\Rightarrow \exists m \in N_{<n}(a(b_1 - b_2) = m \cdot n)$

となる.なお,$0 \neq m < n$ なのは,$0 \neq a < n, 0 \neq b_1 - b_2 < n$ だからである.

ここで,$a(b_1 - b_2)$ の素因数を $p_1, p_2, \ldots, p_s$ とし,m の素因数を $q_1, q_2, \ldots, q_t$ とすると

$p_1 \cdot p_2 \cdots p_s = q_1 \cdot q_2 \cdots q_t \cdot n$

となるので,素数 $q_1, \ldots, q_t$ は,必ず $p_1, \ldots, p_t$ 中に現れているはずである.しかも,両辺から $q_1, \ldots, q_t$ を消去した残りを考えると,

4.1 対偶による証明

$$p_{i_1} \cdot p_{i_2} \cdots p_{i_u} = n$$

となり，$p_1, \ldots, p_s, q_1, \ldots, q_s < n$ なので，$u \geq 2$ となるはずである．よって，n は素数でない． ∎

一般に，「$\forall x \cdots$」のような結論を導き出すのは難しい (考えにくい) ことが多い．しかし，対偶により，その否定を考えると「$\exists x \cdots$」から出発することができる．つまり，何らかの性質を持つあるものを仮定し，それに対し議論を始められるのである．

上の例題でも，示そうとした性質 (4.1) ではなく，その否定から出発することで，ある特定の性質を持つ a, b_1, b_2 を仮定できた．そのため議論がしやすくなったのである．

もちろん，対偶ももとの命題も本質的には同値なので，証明したいことは本質的には同じなのだが，人間にとってわかりやすく，考えやすくなったのである．

背理法による証明　対偶による証明の一種で，数学的な議論でよく使われているのが背理法である．**背理法** (proof by contradiction) は，証明したい結論を否定し，そこから矛盾を導き出すことで，結論の否定が間違っていたこと，すなわち結論が正しいことを示す方法である．

まずは直感的な説明をしよう．天気のくずれそうなある日，家で仕事をしていた B 氏のもとに A 君が訪ねてきた．その A 君が傘を持っていないのに濡れてもいないのを見て，B 氏は「まだ雨は降ってないのですね」といった．この B 氏の思考過程を追ってみよう．

B 氏の頭の中では，多分，次のような「雨濡れの法則」を用いていたのだろう．

雨濡れの法則：
(雨が降っている)∧(A 君は傘を持っていない) ⇒ (A 君は濡れている)

この法則を用い，B 氏は次のように思考したのである：

仮に雨が降っていると仮定する．しかも A 君は傘を持っていない．したがって，雨濡れの法則にしたがえば，A 君は濡れているはずだ．けれどもそれは「濡れていない」という事実に反する (矛盾する)．とい

うことは，雨が降っていると仮定したのが誤りであり，よって「雨は降っていない」と結論できる．

このような議論のしかたが背理法である．

以上は直感的な説明だが，第1章の厳密な議論に基づいて，背理法とその正当性について確認しておこう．

命題 X の証明とは，その恒真性 (つねに真であること) を示すことであった．背理法は，$\neg X$ から始めて (利用できる公理と) 推論により，$Y \wedge \neg Y$ を導き出すことにより X の恒真性を示す証明法である．ここで，Y は命題[*1)]であれば何でもよい．この $Y \wedge \neg Y$ が「矛盾」である．たとえば，Y は「A 君が濡れている」とすると，$Y \wedge \neg Y$ は「A 君が濡れていて，かつ，濡れていない」というあり得ないことなのである．

つまり，背理法とは

$$\neg X \Rightarrow Y \wedge \neg Y \tag{4.2}$$

を示すことである (ここでは，議論を簡単にするために，公理を使用しなかった場合を考える)．

この対偶を考えると，$\neg(Y \wedge \neg Y) \Leftrightarrow Y \vee \neg Y$ であり，$\neg(\neg X) \Leftrightarrow X$ なので，

$$Y \vee \neg Y \Rightarrow X$$

である．$Y \vee \neg Y$ は恒真式なので，恒真から X が導出された．これは 1.3 節でも述べたように，X の恒真性を示す妥当な論法である．

背理法は，よく利用される．その理由を示す例を 2 つ紹介しよう．

最初は奇数と偶数に関する例題である．議論を簡潔にするために対象を自然数に限る．偶数とは 2 で割り切れる数である．つまり，自然数 n に対し，

$$(n \text{ が偶数}) \Leftrightarrow \exists i \in \mathbb{N}(n = 2i)$$

と定義できる．一方，奇数は 2 で割ると余りが 1 となる数である．つまり，

$$(m \text{ が奇数}) \Leftrightarrow \exists j \in \mathbb{N}(m = 2j + 1)$$

と定義できる．

[*1)] ここでは命題といっているが，X や Y が変数などを含む述語論理により記述されていてもかまわない．しかし，変数などの条件に応じて真や偽になるのではなく，つねに真あるいは偽のどちらかに定まる形になっていなくてはならない．

4.1 対偶による証明

このように定義すると，たとえば「奇数同士の積は奇数である」ことの証明は比較的簡単にできる．$(2j+1)(2k+1)$ を計算して，$2h+1$ の形になることを示せばよい．では，奇数ならば偶数でないことの証明はどうだろう．ちゃんと証明しようとすると少々まごつくかもしれない．しかし背理法を用いれば，比較的楽に考えられる．

例題 4.4 奇数は偶数でないことを証明せよ．

解答 厳密にいえば，どんな奇数を考えても，どのような偶数とも等しくならないことを示せ，ということである．

これは「すべての···」という形の命題なので，一般には証明の糸口をつかむのが難しい．そこで背理法を用いる．つまり，結論を否定し，ある奇数がある偶数と等しいと仮定し，そこから矛盾を導くのである．

ある奇数 n がある偶数 m と等しい，ということは，適当な $i, j \in \mathbb{N}$ に対して
$$(n=)\ 2i+1 = 2j\ (=m)$$
が成り立っている，ということである．これより
$$1 = 2(j-i)$$
が導ける．ここで $j \leq i$ の場合には，右辺が 0 または負になるので矛盾である．一方，$j > i$ の場合には，両者とも自然数なので $j - i \geq 1$ であるから，右辺は 2 以上となり矛盾．どちらの場合にも矛盾が導けた． ∎

この解答例のように，多くの場合，1 つの矛盾を導き出すのではなく，複数の場合に分けて考え，その各々で矛盾を導き出すことが多い．その場合の正しさも論理的に示すことができる (章末問題参照).

この証明で背理法を使う理由は，先の対偶による証明の例 (例題 4.3) とほぼ同じである．次は，もう少し複雑な証明を見てみよう．背理法による証明の代表例としてよく引き合いに出される「実数 $\sqrt{2}$ が有理数でない」ことの証明である．

例題 4.5 有理数の中には $x^2 = 2$ の解となるものが存在しないことを示せ．つまり，$\sqrt{2}$ は有理数でないことの証明である．

解答 有理数で $x^2 = 2$ の解となるものが存在すると仮定して矛盾を導き出す．有理数はすべて既約分数としてあらわすことができるので，ここでの仮定は

$$\left(\frac{n}{m}\right)^2 = 2$$

となる整数 n, m で，しかも n/m が既約分数であるものが存在する，ということである．

この式を変形すると $n^2 = 2m^2$ となる．したがって n^2 は偶数．一方，奇数の 2 乗は奇数なので n は偶数でなければならない．つまり，適当な整数 k によって，$n = 2k$ とあらわされる．よって

$$2m^2 = (2k)^2 = 4k^2$$

となり，$m^2 = 2k^2$ となるため，m も偶数．これは n/m が既約分数であったことに反する． ■

背理法 (あるいは対偶による証明) は，我々の考え方を整理し，うまい証明が得られるような「思考の道具」である．逆にいえば，数学的には背理法でなくても証明できるはずである．たとえば，$\sqrt{2}$ が有理数でないことを，背理法を使わずに示してみよう．

解答 (背理法を使わない証明．下線は後の説明で用いる)

どのような有理数 x でも，$x^2 \neq 2$ となることを示せばよい．任意の有理数 n/m を考える．ただし，すべての分数は既約化できるので，ここでは n/m は既約分数とする．

まず，n が奇数の場合．この場合には n^2 も奇数である．一方，$\underline{2m^2 \text{ は偶数だから}}$ (奇数と偶数は等しくなれないので) $n^2 \neq 2m^2$ である．したがって，$(n/m)^2 \neq 2$ である．

次は，n が偶数の場合．ある整数 k に対し，$n = 2k$ となる．n/m が既約分数だったので m は奇数である．ゆえに m^2 も奇数．したがって (奇数と偶数は等しくなれないので) $\underline{m^2 \neq 2k^2 \text{ である}}$．よって，

$$m^2 \neq \frac{(2k)^2}{2} \left(= \frac{n^2}{2}\right).$$

つまり，$2 \neq (n/m)^2$ である． ■

証明の途中で唐突に「$2m^2$ は偶数だから」や「$m^2 \neq 2k^2$ である」といった

説明が出てくる．もちろん，間違いではないし，それによって証明ができるのであるが，なぜ，$2m^2$ や $2k^2$ を考えねばならないのか，この時点ではわかりにくい．これは背理法の議論を無理に通常の論法に直したため出てきたものである．

証明者の立場に立ってみると，これらは，証明における補助線のような役割を果たしているといってもよい．複雑な証明になれば，このような補助線が数多く必要になってくるのだが，背理法で考えれば，この例のように，補助線が省ける (自然に導出される) 場合がある．もちろん万能ではないが有力な道具なのである．

4.2 帰納法・帰納的定義

一般に「すべての $\cdots$」という形の命題を証明するのは難しい．そのための論法として，前節では背理法を紹介したが，帰納法もよく使われる有力な論法である．この帰納法を本節で説明する．

一般には自然数上の帰納法がよく使われており，それだけが「帰納法」と誤解されている場合が少なくない．しかし，もう少し幅を広げ，物事を定義する方法にまで帰納法の役割を広げると，帰納法は非常に強力な数学的道具となる．実際，情報の分析やアルゴリズムの設計では，それが非常に重要になってくる．そうした帰納法の重要な使い方まで学ぼう．

帰納法　　まずは基本的な自然数上の帰納法の復習から始める．自然数 $\mathbb{N}$ 上の帰納法は，証明の対象となる述語 $P(n)$ に対し

$$\forall n \in \mathbb{N}(P(n)) \tag{4.3}$$

を証明するための論法で，次のような構造[*2)]を持った論法である．

初期段階：　$P(0)$ の証明．つまり，$P(n)$ が $n=0$ で成り立つことの証明である．

帰納段階：　任意の $k \in \mathbb{N}$ を考え，それに対し次が成り立つことを示す．
$$P(k) \Rightarrow P(k+1)$$

[*2)] 実際には公理 (やそれから導出される定理など) も適宜用いるが，以下の議論では説明を簡潔にするために，それらを省いて述べる．

つまり，$P(k)$ が真と仮定し，そこから $P(k+1)$ を導き出すのである．

一般に「$P(k)$ が真と仮定する」ことを**帰納法の仮定** (induction hypothesis) という．帰納法の仮定には，もう少し強い形の「k 以下のすべての i で $P(i)$ が真」を仮定する場合もある．また，場合によっては，すべての自然数 n に対しては成り立たないが，一部の有限個の例外を除いては $P(n)$ が成り立つ場合もある．その場合には，そうした例外で最大のものを a_0 とし，目標を，
$$\forall n \in \mathbb{N} \setminus \{0, \ldots, a_0\}(P(n))$$
とすればよい．そのときには，初期段階は $P(a_0 + 1)$ の証明となる．

帰納法による証明の例は以下でも述べるので，ここでは帰納法による証明で陥りやすい誤りを示す例を2つほど紹介しよう．

例題 4.6 マジックショーに来場した多数の観客の前に登場したマジシャンM氏．「今から帰納法で皆さんの髪の毛の色がすべて同じことを証明してみせます」と宣言した．

驚く観客に対し，M氏は悠然と，観客の数 n (ただし $n \geq 1$ とする) についての帰納法で「n 人全員が同じ髪の色」であることを示そう，といって，以下のような証明を述べたのである．

> 初期段階： $n = 1$ のとき．すなわち観客が1人のときは明らかに「全員の髪の色は同じ」である．
>
> 帰納段階： 観客の数 n が k 以下のときは成り立っているとして，$n = k + 1$ 人のときを考える．まず，観客席の左から k 人までの人たちを「観客」とする．すると，帰納法の仮定から，すべての人は同じ髪の色である．次に，観客席の右から k 人までの人たちを「観客」とすると，同様に，すべての人は同じ髪の色である．ということは，観客席の左から右まで，すべての人 $k + 1$ 人が同じ髪の色のはずである．

さて，この証明のどこに問題があるのだろうか？

解答 $n = 1$ のときに成り立っても，$n = 2$ では成り立たないのである．

4.2 帰納法・帰納的定義

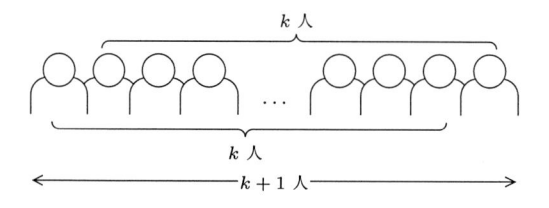

図 4.1 観客 $n = k + 1$ 人の髪の毛の色は !?

$k = 1$ の場合の帰納段階の証明をよく考えてみよう．観客席の左から k 人の観客の集合 (たった 1 人) と右から k 人の観客の集合 (これも 1 人) には重なりがない．だから，たとえ各々で全員 (といっても各 1 人しかいない) が同じ髪の色であっても，観客全員が同じ髪の色にはならないのである．■

次の例ではオーダー記法と呼ばれる記法を題材にする．まず，その記法の説明から始めよう．

例 4.7 関数の増加率の上界を大ざっぱに表現する方法として**オーダー記法**がよく用いられる．ここでは自然数上の関数を考えよう．たとえば，関数 $f(n) = 12n^2 - 50n + 600$ は，定数係数と定数項を適当にとれば n^2 以下になるので「$f(n)$ は $O(n^2)$(オーダー n^2) である」といい，$f(n) = O(n^2)$ と略記する．その反対に，定数係数 c や定数項 d をどのように大きくとっても，$f(n) \leq cn+d$ をすべての n で成り立たせることはできないので，$f(n) \neq O(n)$ である．

正確には，関数 $f(n)$ と $g(n)$ に対して次の条件が成り立つとき，$f(n)$ は $O(g(n))$ であるといい，$f(n) = O(g(n))$ と略記する．

$$\exists c, d \in \mathbb{N}, \forall n \in \mathbb{N}(f(n) \leq c \cdot g(n) + d). \tag{4.4}$$

オーダー記法は多項式や自然数値をとる関数だけに限らない．たとえば，$3.14 n \log(n) + 215n = O(n \log(n))$ である．また，習慣上，略記では等号 $=$ を使うが，上記の定義からわかるように，このオーダー記法は「以下」をあらわす記法なので，たとえば，$3.14 n \log(n) + 215n = O(n^2)$ と記述してもかまわない．つまり，上界を大ざっぱにいう方法が，定義式 (4.4) にしたがう[*3)]オー

[*3)] 分野によっては単なる上界ではなく，上下界を同時にあらわすオーダー記法を用いる場合もある．どのオーダー記法を用いているか，その分野に慣れていない場合には注意が必要である．

ダー記法である.
　いくつか例をあげておく (証明は章末問題とする). 以下で, t は正の整数 $1, 2, \ldots$ のいずれでもよい.

$$(\log(n))^t = O(n), \qquad (\log(n))^{(\log(n))} \neq O(n^t),$$
$$n^t = O(2^n), \qquad 2^{2n} \neq O(2^n).$$

　このオーダー記法の証明には帰納法が有効な場合が少なくないが, 同時にまた, 帰納法の典型的な誤用例も, オーダー記法の証明でしばしば見かけられる. その一例を示そう.

例題 4.8 A 君は「$n^2 = O(n)$ であることを証明した！」と主張している. それはありえないことなのだが, A 君の以下の論法の, どこに誤りがあるのだろうか？

　　初期段階： $n = 0$ の場合は $n^2 \leq n$ なので $n^2 = O(n)$ が成り立つ.
　　帰納段階： 任意の $k \in \mathbb{N}$ を考え, それに対し $k^2 = O(k)$ であったとする. $k + 1$ の場合も,
$$(k+1)^2 = k^2 + 2k + 1 = O(k) + 2k + 1 = O(k) + O(k)$$
$$= O(2k) = O(k)$$
となるので $(k+1)^2 = O(k)$ となる.

解答 まず, オーダー記法の定義式 (4.4) の証明に帰納法を使うのが, そもそもの誤りのもとである.
　帰納法の証明の目標は式 (4.3) のように,「すべての $\cdots$」という形をした命題である. それに対し, 式 (4.4) は, $\exists c, d \in \mathbb{N}$ で始まる命題であり, 帰納法をすぐには使えないのである.
　そもそも $\exists x$ で始まる命題を証明するときは, その意味を「適切な x を定めると」と考えて, 自分で適切な x を定めるところから始めるのがコツである. オーダー記法の証明の場合も, 適切な $c, d \in \mathbb{N}$ を定めるべきなのである.
　たとえば, $c = 2, d = 0$ と定めたとする. そうすると, 今度は $\forall n \in \mathbb{N}$

($n^2 \leq 2n$) を証明するのが目標となるので,帰納法を使う形になる.しかし,$n^2 \leq 2n$ を証明しようとすると,帰納段階で破綻するのがわかる.たとえ $k^2 \leq 2k$ であったとしても,$(k+1) = k^2 + 2k + 1$ に対して $\leq 2(k+1)$ は証明できないことがわかるだろう (実際,どのように c, d を選んだとしても破綻が来るのであるが,その証明については,この例題の問とはずれるので,ここでは省略する). ∎

ところで帰納法はなぜ正しい論法なのだろうか? 実は「自然数の定義により正しい」というのが,最も正式な答えなのだが,この点については後で再び述べることにする.

帰納的定義 帰納法の重要な使い方に,帰納的定義あるいは**再帰的定義** (recursive definition) と呼ばれる定義法がある.これは,目標とするもの (一般には,その集まりである集合) を定義する方法である.

高校数学で習う漸化式は,その導入例である.これは数列を帰納的に定義する方法である.その一例から見ていこう.

例 4.9 次のように帰納的に定義される数列 f_n をフィボナッチ数列という.

  初期段階: $f_1 = 1, f_2 = 1.$
  帰納段階: $f_{n+1} = f_n + f_{n-1}.$

この定義にしたがってフィボナッチ数列の最初のいくつかを求めてみると,$f_1 = f_2 = 1, f_3 = 2, f_4 = 3, f_5 = 5, f_6 = 8, f_7 = 13, \ldots$ となる.

数列と同様,自然数上の関数の定義にも帰納的定義は応用できる.実際,帰納的に定義したほうが考えやすい場合も少なくない.

例 4.10 平面上に描いた V 字形に半直線を 2 つあわせた線 (図 4.2 左) を描くことを考える.それを n 個描いたときの V 字同士の交点数の最大値をあらわす関数を $v(n)$ とする.たとえば,2 個が交わった場合には,図 4.2 右のように最大で 4 個の交点ができるので,$v(2) = 4$ である.

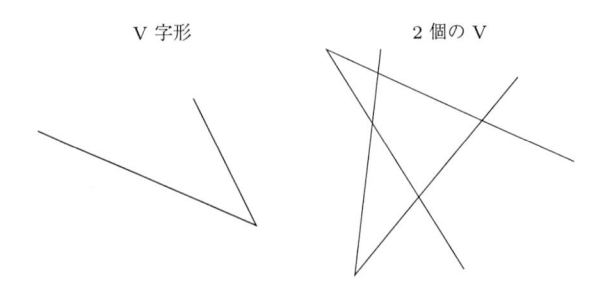

図 4.2 V 字図形を平面上に描く

この関数 $v(n)$ の帰納的定義を考えてみよう．1 個の V 字形には交点がないので $v(1) = 0$ である．一方，n 個の V 字に新たな V 字が加わったときに，交点は最大で $4n$ 個増加する．また $4n$ 個増加する加え方がある．したがって，$v(n)$ の定義は次のようになる．

初期段階： $v(1) = 0$.
帰納段階： $v(n+1) = v(n) + 4n$.

帰納的定義は，数列や関数などを定義するだけでなく，数学的に議論したい「もの」を定義するのにも利用できる．

例 4.11 図 4.3 に示したような図形を**グラフ**という．黒い点を**頂点**といい，頂点を結ぶ線を**辺**という．3.5 節 (図 3.1) では，辺に向きのある有向グラフを考えたが，ここでは辺に向きのない**無向**グラフ (undirected graph) を考える (グラフでは頂点の位置や線の形などは本質的ではない．それらのつながり関係だけが重要である)．

グラフ G において，その頂点 v から出ている辺の数を，頂点 v の**次数** (degree) といい，$d_G(v)$ であらわす．すべての頂点の次数が，ある一定の値 r であるグラフを，**r-正則グラフ** (regular graph) という．ここでは 4-正則グラフを考える．図 4.3 (2), (3) は 4-正則グラフの例である．とくに (2) は頂点数が最小の 4-正則グラフで，グラフ理論の分野では K_5 と呼ばれている．

4-正則グラフは無限にあるが，その全体 R を帰納的に定義してみよう．その

(1) 無向グラフ　　(2) 4-正則グラフ　　(3) 4-正則グラフ
　　　　　　　　　　(最小頂点数)

図 4.3　無向グラフの例

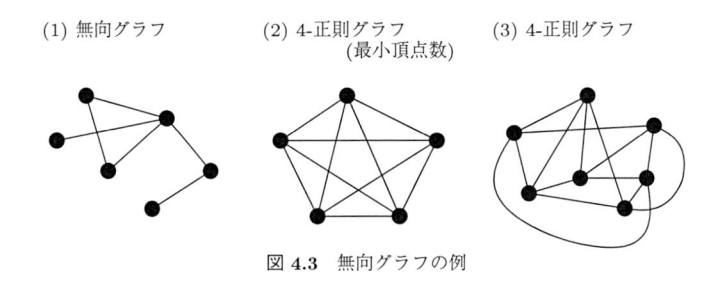

ために，与えられたグラフ G に頂点を 1 個増やす次のような操作を定義する．
(1) G の隣合わない (頂点を共有しない)2 辺を選び，その辺上に頂点を作る．
(2) 得られた 2 頂点を合体させて 1 つの頂点とする．

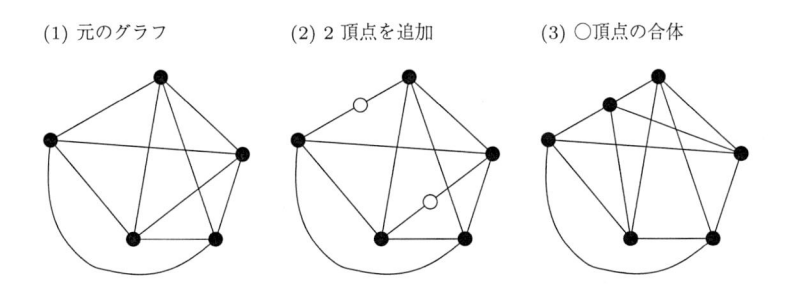

(1) 元のグラフ　　(2) 2 頂点を追加　　(3) ○頂点の合体

図 4.4　G から $A(G)$ の 1 つを生成

このようにすると G より 1 つ頂点の多いグラフができる．ただし，得られるグラフは 1 通りではない．一般には，2 辺の選び方により，複数の異なるグラフができるのである．そこで，G から，この操作で得られるグラフの集合を $A(G)$ とあらわすことにする．

ここで重要なのは，G が 4-正則ならば $A(G)$ に入るどのグラフも 4-正則である，という点だ．以下では，この操作を用いて R を定義していこう．ただし議論の見通しをつけるために，各 $n \in \mathbb{N}$ に対し，R_n で，頂点数 n の 4-正則グラフの全体をあらわすことにする．K_5 が最小の 4-正則グラフだったので，R_4 までは空集合である．したがって，初期段階は R_5 の定義からである．

初期段階：　　$R_5 = \{K_5\}$．つまり，K_5 が R_5 の唯一の要素である．

帰納段階： R_k まで定義されていたとする．各 $G \in R_k$ から得られる $A(G)$ を全部集めたものが R_{k+1} である．式で書くと次のようになる．
$$R_{k+1} = \bigcup_{G \in R_k} A(G).$$

最終的には $R = \bigcup_{n \in \mathbb{N}} R_n$ と定義される．この R が所望の 4-正則グラフの全体と一致することの確認は，ここでは省略する (章末問題参照)．

この例では自然数 n に依存した集合 R_n を定義していたが，何も n にこだわる必要はない．たとえば，次のようにすれば直接，集合 R を定義できる．これが自然数を離れた一般的な帰納的定義である．

以下のように定義されるものだけからなる集合が集合 R である：
初期段階： K_5 は R の要素である．
帰納段階： 任意の $G \in R$ に対し，$A(G)$ の要素はすべて R の要素である．

例 4.12 括弧だけの列を考える．その中で左と右の対応が正しくとれている列のことを **正しい括弧列** と呼ぶことにする．たとえば，(())() や ((())) は正しい括弧列である．一方，)((や)) ()( ) などは正しい括弧列ではない．この (いくぶん) 直感的な概念を帰納的定義で厳密に定義してみよう．具体的には，正しい括弧列の集合 P を以下のように帰納的に定義する．

集合 P を，次のように定義されるものだけからなる集合とする：
初期段階： $(\,) \in P$.
帰納段階：
(1) 任意の $u \in P$ に対し，$(u) \in P$.
(2) 任意の $u, v \in P$ に対し，$uv \in P$.

たとえば，$(())(\,) \in P$ となるのは，帰納段階の (2) に，$(()) \in P$ であり，初期段階より $(\,) \in P$ であることを当てはめたからだ．さらに $(()) \in P$

なのは，帰納段階の (1) に ( ) ∈ P を当てはめたからである．この P が正しい括弧列の集合である．

「正しい括弧列」という概念は，別な方法でも厳密に定義できるだろう．その場合には，この定義と別の定義が同値であるかを議論するのは意味のあることだ．一方，このような帰納的定義により，はじめて明確に定義される場合もある．その場合には，その定義の正しさを議論しても意味がない．「定義より明らか」としかいいようがないからである．

帰納的に定義された数列，関数，あるいは，もの (の集合) に関する性質の証明には，その帰納的定義に基づいた証明が非常に有効である．このような証明を，**自然な帰納法**とか，**構造に基づく帰納法**という．

例題 4.13 例 4.10 の n 個の V 字の交点数をあらわす関数 $v(n)$ の一般式は
$$v(n) = 2n(n-1) \tag{4.5}$$
となる．この式が，すべての n で成り立つことを証明せよ．

解答 $v(n)$ の帰納的定義の構造による帰納法で証明する．

初期段階： $v(n)$ の帰納的定義の初期段階より，$v(1) = 0$ である．一方，一般式 (4.5) でも $v(1) = 2 \cdot 1 \cdot (1-1) = 0$ となる．ゆえに $n = 1$ では一般式が成立している．

帰納段階： $n = k$ まで一般式が成立しているとして，$v(k+1)$ について考える．$v(k+1)$ の値は，帰納的定義の帰納段階より，
$$v(k+1) = v(k) + 4k = 2k(k-1) + 4k$$
$$= 2k(k+1) = 2(k+1)k = 2(k+1)((k+1)-1)$$
となるので，$n = k+1$ でも一般式 (4.5) は成立する．■

例題 4.14 括弧列 w に対して
$$p(w) = (左括弧の数) - (右括弧の数)$$
と定義する．たとえば $p(()\,)) = -1, p()(()\,) = 0$ である．また，括弧列 w

に対し，その左端から適当なところまでの列を，w の **接頭辞** (prefix) という．たとえば，$w = (()())$ の接頭辞は，(や ((や (() や (()(... などである．さて，以上の定義にしたがえば，例 4.12 で定義した P の要素である正しい括弧列 w に対し，その任意の接頭辞 u で，$p(u) \geq 0$ となる．このことを証明せよ．

解答 P の帰納的定義の構造による帰納法で証明する．

初期段階： ( ) の接頭辞は (と ( ) の 2 つだが，そのどちらに対しても p の値は 0 以上である．

帰納段階： (1) 正しい括弧列 $w \in P$ が，$u \in P$ により $w = (u)$ と定義されていた場合．w の接頭辞は，(あるいは w 自身，そして $(u'$ のいずれかの形をしている．ただし，u' は正しい括弧列 u の接頭辞．最初の 2 つに対しては，p の値は明らかに非負．一方，帰納法の仮定から $p(u') \geq 0$ なので，$p((u') = 1 + p(u') > 0$ となり，非負である．
(2) 正しい括弧列 $w \in P$ が，$u, v \in P$ により $w = uv$ と定義されていた場合．w の接頭辞は，u' または uv' という形をしている．ただし，u', v' は，正しい括弧列 u, v の接頭辞．したがって，前者の場合には帰納法の仮定から，後者の場合には $p(uv') = p(u) + p(v')$ であることと帰納法の仮定から，p の値が非負であることが示される． ■

帰納法はなぜ正しいのか[※]　例題 4.14 では，正しい括弧列の集合 P の帰納的定義に基づいて証明した．このように，集合の定義にそくして証明できれば，それが集合のすべての要素に対する証明になっていることは，「定義より明らか」といってよい．自然数上の帰納法の妥当性も，実は，そのように定義より明らかな側面がある．

そもそも自然数の集合 $\mathbb{N}$ とは何だろう．整数，有理数，実数などは，自然数を元に構成することができた．では，自然数は，どうやって定義すればよいだろうか？　いろいろな流儀が考えられるが，厳密に自然数を定義する代表的な方法の**ペアノの公理系**では，次に述べるような帰納的定義により，自然数の集合 $\mathbb{N}$ を定義している．

集合 N を，次のように定義されるものだけからなる集合とする：
初期段階： $0 \in N$.
帰納段階： $k \in N$ のとき，$S(k) \in N$.

直感的には N の要素は，$0, S(0), S(S(0)), S(S(S(0))), \ldots$ である．ここで，0 や $S(k)$ の意味は問わない[*4)]．これ以上定義できない基本的な記号と見なすのである．つまり，このような記号の列の全体を N とし，その上で加減算や乗除算を定義していくのである．

このように自然数を定義した場合，帰納法の証明では，0 に対して証明し (初期段階)，$k \in N$ まで証明できたと仮定して $S(k)$ について証明する (帰納段階)．この帰納法により，すべての自然数に対しての証明ができるのは，上記の自然数 N の「定義より明らか」なのである．

4.3 数学の言葉を使ってみよう

数学で用いられる記号や様々な概念，そして論理的な議論の方法は，通常の数学だけでなく，様々な科学技術の基本的な言葉として今日使われている．折角学んだのであるから，数学にこだわることなく，あらゆる分野で活用してもらいたい．そのためのヒントを最後に述べる．

数学の言葉がとくに使われているのが情報処理の分野である．捕らえどころがなく，しばしば曖昧になりがちな「情報」を扱うには，様々なことを明確にあらわさなければならない．またコンピュータの上にのせ，処理していくためには，機械で処理できるような記号の形にしなくてはならない．この情報処理の分野でよく用いられている「正規表現」を例に，我々の学んだ数学の言葉と論理がどのように使えるかを紹介する．

使い方のアドバイス 数学の言葉と論理を使う場合のヒントを，標語の形で要約し，説明する．この標語は著者から読者へのメッセージである．

数学の言葉を使って厳密な形であらわすことを「形式化」とか「モデル化」という．これまで学んできた数学の記号や論法を用いれば，いろいろなことを

[*4)] 直感的には $S(k) = k+1$ と見なすことができるが，それはあくまで直感的な意味付けである．

形式化し，さらに論理的に分析することができる．そのときに次の点を心がけたい．

> 直感と論理，具体例と抽象概念の行き来を大切に！

　数学の言葉を使って書かれたものに直面したときに，まず必要なのは，手を動かして具体例を考えてみることである．それにより，何をいいあらわしているのか，直感的な理解を得ることが重要なのである．最初は難しいかもしれないが，少し練習すれば自然と身に付くものである (章末問題参照)．

　直感的な理解には誤解もつきまとう．具体例を考えるときには，なるべく意地悪な例も考える習慣を身に付けよう．もちろん，最終的に漏れや誤解のない分析をする場合には，数学の言葉と論理が威力を発揮するのである．

　直感的な考え方や現実の状況と形式的で厳密な記述の架け橋になるのが図である．たとえば，地図や建物などの設計図などのように，具体的なものを少し抽象的な図としてあらわすことで，曖昧なところは切り捨て，より厳密な議論や計算に向くようにしている．

　図の中でも，とくに，これまでにも何度か登場した**グラフ**が有効である．そこで

> グラフを使おう！

を次のメッセージとする．

　グラフとは図 4.5 に示したような図形である．黒い点が**頂点**であり，頂点を結ぶ線が**辺**である．左は辺に向きのない無向グラフ，右は辺に向きのある有向グラフである．

　グラフでは頂点の位置や線の形などは本質的ではない．それらのつながり関係だけが重要である．つまり，距離や位置が重要な一般の図形よりも抽象化されたものである．けれども，関係を集合や表であらわすよりも，グラフを使えばより視覚的にあらわすことができる．抽象と具体の間に位置するものといえるだろう．

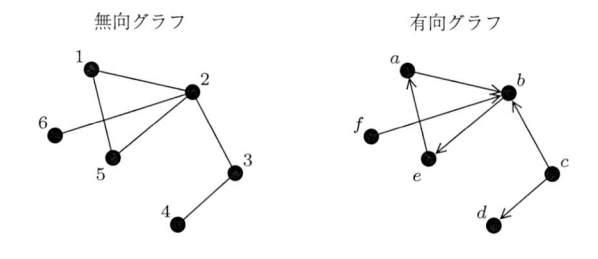

図 4.5 グラフの例

例 4.15 グラフも，これまで学んできた数学の言葉 (集合など) を用いて記述することができる．最も一般的な方法が，グラフを頂点集合と辺集合としてあらわす方法である．以下でそれを紹介する．

まず，頂点には適当な名前をつける．番号の場合もあれば，$a, b, c, \ldots$ のような記号の場合もある．たとえば図 4.5 のような名前付けだ．頂点集合とは，その名前の集合である．図の場合には，次の V_1, V_2 が各々の頂点集合である．

$$\text{左のグラフ：} V_1 = \{1, 2, 3, 4, 5, 6\},$$
$$\text{右のグラフ：} V_2 = \{a, b, c, d, e, f\}.$$

有向グラフの場合，辺は頂点の順序対であらわす．たとえば，図 4.5 右のグラフの頂点 a から頂点 b への辺は，(a, b) とあらわされる．順序対では，(a, b) と (b, a) では異なるものだったことに注意しよう．(b, a) は，頂点 b から頂点 a への辺に対応するのである．辺集合は，こうした順序対の集合である．たとえば図 4.5 右のグラフの辺集合 E_2 は次のようになる．

$$E_2 = \{(a, b), (b, e), (c, b), (c, d), (e, a), (f, b)\}.$$

それに対し，無向グラフでは辺に向きがないので，集合 $\{a, b\}$ で辺をあらわす．そうすれば，$\{a, b\} = \{b, a\}$ なので，向きがないことにもうまく対応している．この記法で書くと，図 4.5 左のグラフの辺集合 E_1 は次のようになる．

$$E_1 = \{\{1, 2\}, \{1, 5\}, \{2, 3\}, \{2, 5\}, \{2, 6\}, \{3, 4\}\}.$$

なお，簡便な記法として，無向辺を (a, b) と記述する場合も多い．その際には (a, b) も (b, a) も同じものである，という注意が必要である．

以上のような記述方法を用いると，図 4.5 のグラフは，各々 (V_1, E_1) と (V_2, E_2) という集合対になる．こうするとグラフを絵ではなく集合として厳

密かつ抽象的に扱うことができるのである.

グラフには様々な重要な性質があり，それを専門に研究する数学の分野――グラフ理論 (graph theory)――がある．ここでは，よく研究されている性質の代表例として，グラフの彩色に関する性質を紹介する．

グラフの**彩色** (coloring) とは，直感的には無向グラフの頂点に色を塗ることである[*5]．ただ無闇に塗ればよいのではなく，辺で結ばれた頂点同士が同じ色とならないよう，色付けをするのがグラフの彩色である．

たとえば，図 4.6 左のグラフ G の場合には，図 (1) のように，頂点 1, 5 を赤，頂点 2 を青，頂点 3 を黄，頂点 4 を白にすれば，正しい彩色となる．つまり 4 色で塗れたわけで，その場合，グラフ G は **4-彩色可能**という．この G の場合，実は図 (2) のように 3 色の塗り方もある．したがって，G は 3-彩色可能でもある．しかし 2 色では無理なので，G は 2-彩色可能ではない．グラフの彩色可能性は，グラフの重要な性質として深く研究されている．

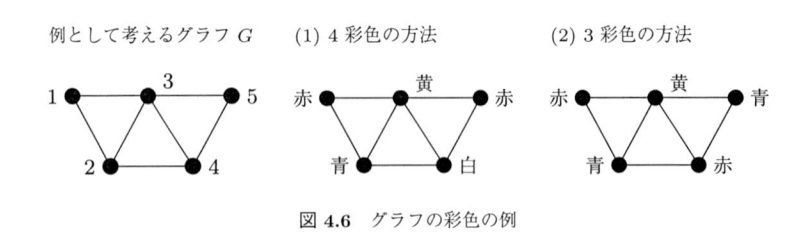

図 4.6 グラフの彩色の例

例 4.16 グラフの彩色や k-彩色可能という概念を例を用いて説明したが，これらも数学の言葉を使えば，厳密かつ抽象的に述べることができる．たとえば，3-彩色可能性を厳密に記述してみよう．

まず「正しい彩色」とは何かの定義から始める．G を考えるグラフとする．抽象的には，G は頂点集合 V と辺集合 E によって決まる．今，これらが与えられているものとする．頂点の彩色とは頂点をいくつかのグループにわけることである．たとえば，赤，青，黄の 3 つの色で頂点を塗るということは，色の名前を無視すれば，頂点集合 V を 3 つの集合 C_1, C_2, C_3 に分けることなのであ

[*5] 辺に色を塗る場合もあるので，それと区別して「頂点彩色」と呼ばれる場合もある．

る.もちろん,V の部分集合 C_1, C_2, C_3 は何らかの条件を満たさねばならない.C_1, C_2, C_3 が「正しい彩色」になっている条件を記述すると次のようになる.
 (1) $V = C_1 \cup C_2 \cup C_3$ かつ $C_1 \cap C_2 = C_1 \cap C_3 = C_2 \cap C_3 = \emptyset$.
 (2) $\forall i \in \{1,2,3\}, \forall u, v \in C_i \ (\{u,v\} \notin E)$.

条件 (1) は,C_1, C_2, C_3 が集合 V の直和分割になっていることをあらわしている.肝心なのは条件 (2) だ.これは同じ分割 C_i の要素である頂点間には辺がないことをあらわす条件である.

たとえば,図 4.6 のグラフに対し,$C_1 = \{1,4\}$, $C_2 = \{2,5\}$, $C_3 = \{3\}$ という分割が考えられる.この分割は条件 (1) は当然満たす.しかも,頂点 $1, 4 \in C_1$ に対して $\{1,4\}$ という辺はないし (E に入っていない),頂点 $2, 5 \in C_2$ に対しても $\{2,5\} \notin E$ である.したがって,これは正しい彩色である.実際,この分割は図 4.6(2) の 3 彩色に対応している.

さて,目標の 3-彩色可能性の定義だが,結局,正しい彩色の条件を満たす分割が存在することなので,次のような定義になる.

(グラフ $G = (V, E)$ が 3-彩色可能)
$$\Leftrightarrow \exists C_1, C_2, C_3 \subset V (C_1, C_2, C_3 \text{ に対して条件 } (1), (2) \text{ が成立}).$$

グラフは一般に,何らかの関係 (とくに二項関係) を議論するときに用いられる (例 3.25).考えたい対象を頂点としてあらわし,それらの間の関係の有無を辺であらわすのである.そのようなとき,関係を持たないグループに分割するのがグラフの彩色である.これは,いろいろな問題を数学的にあらわすのに役に立つ見方である.

例題 4.17 ある工場での作業をおこなうのに数台のロボットを導入することにした.この工場の 1 日の作業を工程表であらわすと図 4.7 左のようになる.これらの仕事をこなすには,何台のロボットが必要だろうか? たとえば 3 台でまかなえるだろうか?
 なお,ロボットの働き方については次のような点を仮定する.
 - ロボットは多機能型で,ここにあげた作業はすべておこなうことができる.
 - 1 台のロボットは 1 度には複数の作業はできない.

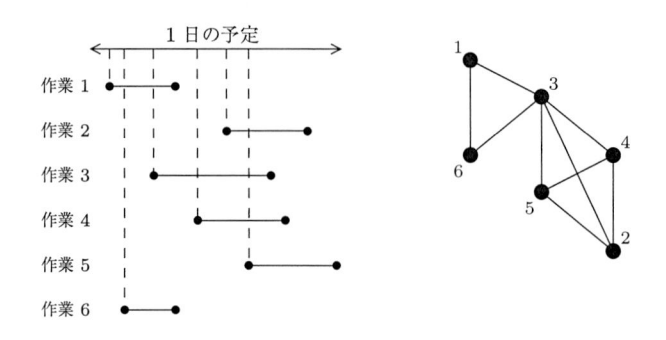

図 4.7 スケジューリングのための形式化
工程表 (左) と，グラフによる表現 (右)．

- ロボットは作業中には交代できない．

解答 この問題のように時間や仕事を考慮してロボットなどを配置することをスケジューリングという．スケジューリングでは，上手な形式化が重要である．まずは，図 4.7 左のような工程表が必要だ．さらに，それを図右のようなグラフにするとよい．これは工程図の 1 つの連続した作業 (工程表の 1 つの線に対応する部分) を頂点とするグラフである．線が重なる頂点同士を辺で結ぶ．つまり，作業時間が重なって 1 台のロボットではおこなえない作業 (に対応する頂点) 間に辺を引くのである．

このようにグラフ化すると，そのグラフの彩色が，各ロボットへの仕事の割り振り方になっていることがわかるだろう．各色が各ロボットに対応するのである．たとえば，このグラフが 3-彩色可能であれば，3 台のロボットに仕事を振り分けることができるのである．ちなみに，この例のグラフは 3-彩色可能ではないが，4-彩色可能である．つまり，ロボットは最低で 4 台必要である．■

さて，次が最後のメッセージである．

> 目標にあった，議論しやすい形式化を！

数学の言葉を使って形式化するにしても，いろいろな切り口がある．その切り口を決めるのは諸概念の定義である．つまり「何を定義として明らかなもの

にするか」という点である．

例 4.18 偶数は「2 で割り切れる数」と定義しよう．もっと厳密にいえば，自然数 n に対し，
$$(n \text{ は偶数}) \Leftrightarrow \exists i \in \mathbb{N}(n = 2i)$$
と定義する．偶数の集合 E の定義は，
$$E = \{n \mid \exists i \in \mathbb{N}(n = 2i)\}$$
である．

これに対し，奇数の定義として次の 2 通りを考えてみる．
$$(n \text{ は奇数}) \Leftrightarrow \exists i \in \mathbb{N}(n = 2i + 1),$$
$$(n \text{ は奇数}) \Leftrightarrow n \notin E \quad (\text{つまり，} n \text{ は偶数でない}).$$

この 2 つの定義は本質的には同じである．しかし，議論のしやすさには，若干の違いがある．たとえば，後者の定義では「奇数は偶数でない」は定義より明らかである．それに対し，前者の定義では証明しなければならない (例題 4.4 参照)．

ただし，面倒なのはそのところだけで，たとえば，奇数同士の積が奇数であること，奇数同士の和が偶数になること，等々，多くの事実は前者から証明した方がはるかにやさしいのである．

この例は本質的には同じ場合であるが，ほとんど同じことを形式化している (と思っている) 場合でも，実は大きく違っていることもある．議論の目標にあうように形式化するのは当然だが，目標に沿っている場合には，後々の議論のしやすい方，分析の容易な形式化を選ぶのがよいだろう．

4.4 数学の言葉の使用例：形式言語入門

本来「情報」とは形のないものである．それをコンピュータ上で処理したり，通信するためには，何らかの形にあらわさなければならない．具体的には情報を記号の列にする必要がある．逆にいうと「記号列となった情報」の処理が，今日の情報処理といってもよいだろう．そのような記号列の処理を明確に記述

するには，これまで学んできた数学の言葉が非常に重要な役割を果たしている．その一例として，ここでは「形式言語」と呼ばれる分野の基礎を学んでみよう．

情報処理の科学技術を研究しているコンピュータ科学では，記号列の集合のことを**言語**と呼ぶことが多い．たとえば，英字 (と空白，カンマ，ピリオドなど) からなる記号列のうち，ある特定のものだけが (正しい)「英語」として認められる．つまり，英語という言語も英字列という記号列の集合なのである．ただし，我々が日常使っている言葉には様々な例外的な使い方があり，その集合を明確に規定することは難しい．それに対し，比較的単純な規則で形式化できる記号列の集合のことを**形式言語** (formal language) という．たとえば，コンピュータのプログラムを記述するための言語 (プログラミング言語) などが，その一例である．

形式言語に関する研究は，コンピュータ科学の重要な分野の 1 つである．ここでは，形式言語の入門として，正規表現と正則言語について述べる．基礎的な話題ではあるが，応用範囲も広く，実際でも役立つ話題である．

形式言語入門　正規表現と正則言語への導入として，形式言語の基本的な用語について，まず解説する．

文字列や数字列のことを総称して**記号列** (string) と呼ぶことにする．記号列を構成する記号の集合のことを**アルファベット** (alphabet) と呼ぶ．英語の「アルファベット」の転用である．アルファベットはほかの集合と区別するために Σ (シグマと読む) のような大文字ギリシャ文字を使ってあらわす．

例 4.19　英語の場合には，通常は a から z の文字の集合がアルファベットと呼ばれる．しかし英文にはもっと多くの記号が含まれている．まず，小文字と大文字，それに空白，カンマ，ピリオドなどの区切り記号，さらには引用符や数字なども登場する．したがって，我々の意味での英語のアルファベット Σ_{ENG} は，

$$\Sigma_{\text{ENG}} = \{\text{a}, \ldots, \text{z}, \text{A}, \ldots, \text{Z}, 0, 1, \ldots, 9, 空白, カンマ, ピリオド, 等々\}$$

となる[*6]．ただし「空白」とは空白 1 文字分，カンマ，ピリオドは．や，の

[*6]　通常の文字と記号列の中の文字を区別するために，本書では，記号列中の文字は活字の種類を変えて表示することにする．

ことである．以下でもしばしば出てくるので空白1文字分をあらわす記号として，記号␣を導入しておく (一方，カンマやピリオドは説明文と紛らわしいので，極力使用を避ける)．

　数も記号列としてあらわされる．たとえば10進数は0から9の数字であらわされるので，10進数のアルファベット Σ_{10} は，$\Sigma_{10} = \{0, 1, \ldots, 9\}$ である．同様に2進数のアルファベットは，$\Sigma_2 = \{0, 1\}$ である．

　これまでに述べたように**言語** (language) とは，ある特定の規則にしたがう記号列の集合のことである．アルファベットはあくまで必要な記号の定義だけであり，アルファベットだけでは言語は定まらない．たとえば，アルファベット $\Sigma_2 = \{0, 1\}$ だけでは，2進数 (という記号列) の集合は定まっていない．たとえば 00101 などのように 0 で始まる列は正しい 2 進数ではない．どのような 2 進数が正しいものかを決める規則が必要である．その規則の書き方の1つが，次の項で述べる正規表現なのである．なお，本書ではとくに「言語」という呼び方をせずに，これまで通り集合という呼び方を使うことにする．

　数同士に演算があるように，記号列間でも演算を定義することができる．ここでは最も基本的な連接演算のみを用いる．2つの記号列 u, v に対し，u の後ろに v をつなげて1つの記号列にすることを**連接** (concatenation) と呼ぶ．連接により得られた列を $u \cdot v$ とあらわすことにする．つまり，$\cdot$ が連接をあらわす演算記号である．ただし，掛け算の記号が省略されるように，誤解が生じない場合には $\cdot$ を省略して uv などと書くことにする．また，同じ記号列 w を k 回繰り返して連接したものを w^k と略記する．たとえば，$(\text{abc})^3 = \text{abcabcabc}$ である．

　連接の演算では順序が大切である．一般には交換法則 $uv = vu$ は成り立たないのである．

例 4.20　アルファベット Σ_{ENG} 上の次の記号列を考える (カンマやピリオドは含まない)．

$$x = \mathtt{mathematic}, \quad y = \mathtt{music}, \quad z = \mathtt{violin}.$$

一方，記号列 u, v, w を

$$u = \mathtt{al}, \quad v = \mathtt{ian}, \quad w = \mathtt{s}$$

とする．このとき，xu, xv, xw などは正しい英単語だが，wx や zu などは(通常の)英単語とはいえない．また，xvw のように3つを連接したもの，つまり mathematic·ian·s も英単語である．

さらに $b = \text{␣}$(空白) とすれば，

$$xubyu = \mathtt{mathematic} \cdot \mathtt{al} \cdot \text{␣} \cdot \mathtt{music} \cdot \mathtt{al}$$

などという文節も構成できる．

記号列の長さとは，その記号列を構成するアルファベットの要素の数である．たとえば上記の例の記号列 x の長さは 10, y の長さは 5 である．連接した記号列の長さは，各々の記号列の長さの和である．たとえば上記の $xubyu$ の長さは 20 である．空白も記号の1つであり，長さ(文字数)をはかるときに1文字と数える．

ここで重要な記号列として空列を導入する．**空列** (empty string) とは長さが0の記号列のことである．空列は長さが0なのであらわすことはできないが，便宜上，記号 ε (イプシロンと読む) であらわされることが多い．本書でも ε を用いることにする．

空列は連接しても値が変わらない．つまり，任意の記号列 w に対して，$\varepsilon \cdot w = w \cdot \varepsilon = w$ である．連接演算において，自然数の足し算における0と同じような役割を果たすものなのである．

連接の演算は記号列の集合間にも定義できる．A と B を，ある共通のアルファベット上の記号列の集合としたとき，その連接 $A \cdot B$ を次のように定義する．

$$A \cdot B = \{u \cdot v \mid u \in A, v \in B\}$$

なお，集合間の演算でも，連接演算記号を省略してもよいことにする．

例題 4.21 アルファベット Σ_{ENG} 上の次のような記号列の集合を考える．

$$A = \{\mathtt{tic}, \mathtt{tac}\}, \quad B = \{\varepsilon\}, \quad C = \emptyset.$$

このとき，(1) $A \cdot B$, (2) $A \cdot C$, (3) $A \cdot A$, (4) $A \cdot (A \cup B)$ の各集合を，要素を列挙する形で示せ．

解答 各々以下のようになる．B と C の違いに注意が必要．B は空列という要素が 1 つある集合であり，C は要素が何もない空集合である．

$$A \cdot B = \{\text{tic}, \text{tac}\} \, (= A), \quad A \cdot C = \emptyset,$$
$$A \cdot A = \{\text{tictic}, \text{tictac}, \text{tactic}, \text{tactac}\},$$
$$A \cdot (A \cup B) = \{\text{tic}, \text{tac}, \text{tictic}, \text{tictac}, \text{tactic}, \text{tactac}\}. \quad \blacksquare$$

この例でわかるように，$A \cdot (A \cup B) = A \cdot A \cup A \cdot B$ が成り立っている．一般に連接演算と和集合 $\cup$ の演算の間には，このような分配法則が成り立つ．

記号列の集合 A に対し，以下では A^k で，A を k 回連接して得られる集合をあらわすことにする．たとえば，$A^1 = A$ や $A^2 = A \cdot A$ であり，$A^3 = A \cdot A \cdot A$ である．

直感的な言葉でいえば，A^k は，A の要素である記号列を k 個並べてできる列の集合である．これに対し，記号列の処理の中で，A の要素である記号列を，とくに指定はしないが有限個並べてできる列を考えたい場合が多々ある．そこで連接閉包[*7]という概念を導入する．

記号列の集合 A に対し，次のような集合 A^* を，A の **連接閉包** (concatenation closure) という．また，A から A^* を作る演算も連接閉包と呼ぶことにする．

$$A^* = \bigcup_{n=0}^{\infty} A^n.$$

ただし，$A^0 = \{\varepsilon\}$ と定義する．A^* を帰納的に定義する方法もある (章末問題参照)．

例 4.22 連接閉包の使用例をいくつかあげる．

(1) 正の 10 進数とは，0 以外の数字で始まって，$0, \ldots, 9$ の数字を有限個ならべたものである．したがって $\Sigma_{10} = \{0, 1, \ldots, 9\}$ とすると，

$$(\text{正の 10 進数 (表記) の集合}) = (\Sigma_{10} \setminus \{0\}) \cdot (\Sigma_{10}^*)$$

となる．なお，$\Sigma_{10} \setminus \{0\}$ は，Σ_{10} から集合 $\{0\}$ を引いた集合である．

(2) 文字列 text と book の間に 0 個以上 (任意有限個) 空白が入った記号列の

[*7] この演算には従来いろいろな名称がある．その導入を提案した 1 人である数学者のクリーニ (Kleene) の名をとったクリーニ閉包や演算記号を使った *-閉包などである．本書では，二項関係の推移閉包と区別するために，連接閉包と呼ぶことにした．

集合は，{text}{␣}*{book} である．たとえば，text␣book や text␣␣book，等々，要素数は無限個になる．この中には textbook も含まれていることに注意しよう．

なお，A^0 を除いて考えたい場合のために，$A^+ = \bigcup_{n=1}^{\infty} A^n$ を用いる場合もある．その記法を用いて {text}{␣}+{book} と定義される集合には textbook は含まれない．

(3) アルファベット Σ 自身に対し連接閉包で得られる集合 Σ^* は，Σ の要素を有限個並べて得られる記号列全体である．これがアルファベット Σ 上の記号列全体である．

なお，連接閉包 Σ^* を帰納的に定義する方法もあり (章末問題参照)，記号列全体 Σ^* に対する証明では，その帰納的定義に沿った帰納法を使うとよい場合も多い．

正規表現と正規集合　正規表現は記号列の集合を規定する最も基本的な方法である．ひとことでいえば，合併演算と先に定義した連接，そして連接閉包を用いて記号列の集合を定義する方法である．まずは例で説明する．

例 4.23　自然数の 2 進数表記の集合は，0 または，記号 1 ではじまる 0, 1 の列の集合だが，これは

$$\{0\} \cup \{1\} \cdot \{0,1\}^* \text{ または } \{0\} \cup \{1\} \cdot (\{0\} \cup \{1\})^*$$

と定義できる．この集合を正規表現で記述すると

$$0 + 1 \cdot (0 + 1)^*$$

となる．記号や記号列は，それ自身を要素とする集合をあらわし，+ は合併 ∪ の演算をあらわしている．連接演算の記号 · を省略し，$0 + 1(0 + 1)^*$ と書いてもよいことにする．

上記の 2 進数の正規表現を使えば，たとえば空白 1 つで区切られた 0 以上の 2 進数 (の集合) は，次のようにあらわすことができる．

$$(0 + 1(0 + 1)^*␣)^*(0 + 1(0 + 1)^*)$$

以上の例だけで十分かもしれないが，数学的論法のよい例でもあるので，「正

規表現」とは何かを厳密に定義しよう．まず，アルファベット Σ に対して，Σ 上の**正規表現** (regular expression) を以下のように帰納的に定義する．なお，Σ 上の正規表現の集合を $R(\Sigma)$ とあらわすことにする．

以下のように定義されるものをアルファベット Σ 上の正規表現とする：
初期段階： Σ^* の要素 w (すなわち Σ 上の記号列) ならびに $\emptyset$ はすべて正規表現である．
帰納段階：
(1) 任意の正規表現 r_1, r_2 に対し，$(r_1) + (r_2)$ も正規表現である．
(2) 任意の正規表現 r_1, r_2 に対し，$(r_1) \cdot (r_2)$ も正規表現である．
(3) 任意の正規表現 r に対し，$(r)^*$ も正規表現である．

以上は，正規表現の「書き方」の定義である．正規表現とは何かを示すには，さらに，それぞれの正規表現が何をあらわしているのかを定義しなければならない．直感的には，各正規表現 $r \in R(\Sigma)$ は，ある特定の記号列の集合をあらわしている．本書では，r のあらわす集合を $L(r)$ と記述する．この $L(r)$ の定義が重要である．これを正規表現の帰納的定義にしたがって定義する．

Σ 上の正規表現 r に対し，それがあらわす集合 $L(r)$ を次のように定義する：
初期段階： $r = w \in \Sigma^*$ のときは，$L(r) = \{w\}$．また $L(\emptyset) = \emptyset$．
帰納段階：
(1) $r = (r_1) + (r_2)$ のときは，$L(r) = L(r_1) \cup L(r_2)$．
(2) $r = (r_1) \cdot (r_2)$ のときは，$L(r) = L(r_1) \cdot L(r_2)$．
(3) $r = (r_0)^*$ のときは，$L(r) = L(r_0)^*$．

例 4.24 上記の厳密な定義では括弧が頻繁に使われている．
たとえば $\Sigma = \{\mathsf{a}, \mathsf{b}, \mathsf{c}\}$ 上で，集合 $\{\mathsf{a}\} \cdot \{\mathsf{b}\}^* \cdot \{\mathsf{c}\}$ をあらわす正規表現を正式な定義にしたがって書くと

$$((\mathsf{a}) \cdot ((\mathsf{b})^*)) \cdot (\mathsf{c})$$

となり，かなり煩雑である．これは $L(r)$ を定義するときに曖昧さが出ないようにするためである．たとえば，この例の正規表現を定義に沿って求めると

$$L(((\mathsf{a}) \cdot ((\mathsf{b})^*)) \cdot (\mathsf{c})) = L((\mathsf{a}) \cdot ((\mathsf{b})^*)) \cdot L(\mathsf{c}) = (L(\mathsf{a}) \cdot L((\mathsf{b})^*)) \cdot L(\mathsf{c}) = \cdots$$

のように，一意に分解していくことができる．

けれどもそれでは記述が煩雑になりやすい．そこで通常は，演算に優先順位を導入することで曖昧さを省き，できる限り括弧を省略するようにしている．具体的には，まず，連接閉包 $*$ > 連接 $\cdot$ > 合併 $+$ という優先順位を用いる．たとえば，同じ集合をあらわす場合には等号関係 = が成り立つと考えると，

$$\mathsf{a} + \mathsf{b} \cdot \mathsf{c} = \mathsf{a} + (\mathsf{b} \cdot \mathsf{c})$$

となる．同じ演算子では，優先順位で差が出ることはないが，一応，左を優先しよう．つまり，

$$\mathsf{a} + \mathsf{b} + \mathsf{c} = (\mathsf{a} + \mathsf{b}) + \mathsf{c}$$

と考えるのである．

このような優先順位による解釈を導入し，それにしたがう限りは括弧を省略してもよいことにする．たとえば，最初の正規表現 $((\mathsf{a}) \cdot ((\mathsf{b})^*)) \cdot (\mathsf{c})$ は，最も簡潔に記述した場合で，$\mathsf{ab}^*\mathsf{c}$ のように書いてもよい．

例題 4.25 アルファベット $\Sigma = \{\mathsf{a}, \mathsf{b}, \mathsf{c}\}$ 上の正規表現とそれがあらわす集合について以下の問いに答えよ．

(1) 正規表現 $r_1 = (\mathsf{ab} + \mathsf{ba})^* + (\mathsf{aa} + \mathsf{bb})^*$ と $r_2 = (\mathsf{ab} + \mathsf{ba} + \mathsf{aa} + \mathsf{bb})^*$ のあらわす集合の関係を述べよ．

(2) 正規表現 $r_3 = (\mathsf{a}(\mathsf{a} + \mathsf{b}) + (\mathsf{a} + \mathsf{b})\mathsf{b} + \mathsf{ba} + \mathsf{a} + \mathsf{b})^*$ と同じ集合をあらわす正規表現で，より簡潔なものを求めよ．

(3) 正規表現 $r_4 = ((\mathsf{a} + \mathsf{b})(\mathsf{b} + \mathsf{c}) + (\mathsf{a} + \mathsf{c})(\mathsf{b} + \mathsf{c}) + \mathsf{aa})^*$ のあらわす集合の要素の部分列としては現れない記号列で最短のものを 1 つ示せ．

解答 (1) $A = L(\mathsf{ab} + \mathsf{ba})\ (= \{\mathsf{ab}, \mathsf{ba}\})$, $B = L(\mathsf{aa} + \mathsf{bb})\ (= \{\mathsf{aa}, \mathsf{bb}\})$ とすると，

$$L(r_1) = A^* \cup B^*, \quad L(r_2) = (A \cup B)^*$$

となる．したがって $L(r_1) \subset L(r_2)$ である．一方，集合 AB などは $L(r_2)$ の部分集合だが，$L(r_1)$ に対しては $AB \cap L(r_1) = \emptyset$ であり，そのため，たとえば abaa は $L(r_2)$ の要素ではあるが $L(r_1)$ の要素ではない．つまり，$L(r_1)$ は

$L(r_2)$ の真部分集合である.

(2) まず，a(a+b)+(a+b)b+ba の部分だけを展開し，同じ集合をあらわす場合を等号関係 = であらわすと

$$aa + ab + ab + bb + ba = aa + ab + ba + bb = (a+b)(a+b)$$

となる.

つまり $r_3 = ((a+b)(a+b)+(a+b))^*$ となる．ここで，最後に連接閉包をとっていることを考えると，(a+b)(a+b) が不要であり，$r_3 = (a+b)^*$ であることがわかる．これが r_3 を同等で簡潔にした正規表現である．

(3) まず r_4 を同等かつ簡潔な表現に直すと，

$$r_4 = r_5^* \quad (\text{ただし，} r_5 = (a+b+c)(b+c) + aa \text{ とする})$$

となる．これより，長さが 2 や 3 の任意の記号列に対して，それを部分列として含む記号列が $L(r_4)$ に存在することは，ほぼ明らかだろう．たとえば bac は，$L(r_4)$ の要素 abac の部分列として現れている．

同様に，多少面倒だが，少なくともすべての可能性をチェックすれば，長さ 4 の任意の記号列も，何らかの $L(r_4)$ の要素の部分列として現れることがわかる．ただし baab のような記号列は，r_5 の単位で考えると，

$$\cdots b \cdot aa \cdot b \cdots \in L(r_4)$$

のような切れ方でしか，$L(r_4)$ の記号列中には現れない．一方，ba は r_5 には（部分列として）現れないので，$L(r_4)$ の要素で baaba を部分列として持つものは存在しない. ∎

正規表現はかなり単純な規則の書き方であり，その表現能力には限りがある．それでも工夫次第では，かなりおもしろい集合を正規表現で定義できる．

例題 4.26 アルファベット $\Sigma_2 = \{0,1\}$ 上の次の各集合をあらわす正規表現を示せ.
(1) 非負偶数の 2 進数表記となる列の集合．
(2) 0 と 1 の両方が，それぞれ偶数回現れる列の集合．
(3) 非負の 3 の倍数の 2 進数表記となる列の集合．

解答 (1) 偶数は 2 進数では 1 桁目が 0 の数である．したがって，$r = (0+1)^*0$

とすれば，$L(r)$ は偶数の 2 進数表記はすべて含む．ただ，これでは 001011 のように，0 で始まる列も含まれてしまう．そこでそれらを省く必要がある．そのためには，1 桁だけの 0 を特別に扱い，次のような正規表現

$$r_{\text{even}} = 0 + 1(0+1)^*0$$

にすればよい．

(2) 長さ 2 の列を単位に考えるとよい．たとえば，0011001111 のように，00 や 11 からなる列は，0 と 1 の両方が偶数回出る．

一方，01 や 10 が単独で現れると偶数性が崩れてしまう．ただし，01 や 10 に対して必ず 01 か 10 が対になって現れていれば問題ない．たとえば，01・(00 か 11 が複数回)・10 といった列でも，0 と 1 の両方が偶数回現れる．これを一般化すると

$$(01+10) \cdot (00+11)^* \cdot (01+10)$$

という正規表現になる．

逆にいえば，0 と 1 の両方が偶数回現れるのは，上記の 2 つのパターンの繰り返ししかない．したがって，

$$r_{\text{gusukai}} = ((01+10)(00+11)^*(01+10) + (00+11))^*$$

とすれば $L(r_{\text{gusukai}})$ が所望の集合となる．

(3) これを何も道具なしで考えるのは難しい．この次に述べるオートマトンの設計から考えたほうがよい．ここでは答えだけを与えておく．次の r_{3bai} が 3 の倍数の 2 進数表記をあらわす正規表現になっている．

$$r_{\text{3bai}} = (0 + 1(01^*0)^*1)^*$$

この正規表現に当てはまる列を少しみてみると，11 (= 3), 10101 (= 21), 101101 (= 45) など，3 の倍数の 2 進数表記が登場していることがわかる．逆に，3 の倍数を任意に考え，それを 2 進数であらわしてみると，この正規表現に当てはまる列になっていることも確かめられるだろう．

なお，この正規表現では，ε や 0 で始まる列も含まれてしまう．それを除外する方法については，上記 (1) と同じように考えればよいので説明を省略する．■

正規表現であらわすことのできる記号列の集合を**正規集合** (regular set)，あるいは正則集合という．また先にも述べたように，記号列の集合を言語と呼ぶ

習慣があり，**正則言語** (regular language) ということも多い．

正規表現は簡単な規則の記述方法なので，正規集合は記号列の集合の中でも比較的単純な集合となる．たとえば，$\{a^n b^n \mid n \in \mathbb{N}\}$ のような集合は正規集合ではない (章末問題参照)．したがって，正規集合は多少大ざっぱに対象となる記号列の範囲を決めるときに用いられることが多い．たとえば，ある種の記号列を議論したいときに，対象を少し絞って，そのうえで写像や述語などを定めるときなどに用いられる．

正規表現とオートマトン　数学的に豊かな概念は，いくつもの同値な形式化を持つことが多い．正規集合も正規表現だけでなく，いくつかのまったく異なるあらわし方がある．その1つである**オートマトン**を紹介しよう．

以下では，3の倍数の2進数表記 (例題 4.26 参照) の集合とそれをあらわす Σ_2 上の正規表現 $r_{3\mathrm{bai}} = (0 + 1(01^*0)^*1)^*$ を例にして説明していく．以下では記法を簡単にするために $L(r_{3\mathrm{bai}})$ を L_3 とあらわすことにする．

記号列の集合を正規表現 r であらわし，それに基づき何らかの情報処理をしようとしたとき，最も基本となる仕事は，与えられた記号列 w が，その正規表現にあっているか否か，すなわち $w \in L(r)$ であるかを調べる仕事である．この仕事を正規集合 $L(r)$ に関する**所属判定**あるいは**所属判定問題**と呼ぶことにしよう．正規表現 $r_{3\mathrm{bai}}$ の場合，たとえば，$1011011100 \in L_3$ か否かを調べることである．これは与えられた2進数が3の倍数か否かをテストすることにほかならない．

正規表現が複雑になってくると，正規表現と記号列を見比べながら所属判定をおこなうのが難しくなる．そこで役立つのがオートマトンである．オートマトンは，この所属判定をおこなってくれる機械[*8)]のようなもので，正規表現をオートマトン化しておけば，それを動かすだけで，自動的に所属判定がおこなえるのである．

ここでは，同値関係と同値類を用いて，正規表現をオートマトンに対応付ける方法について述べる．

与えられた Σ 上の正規表現 r に対し，$L = L(r)$ とする．つまり，L は r があらわす正規集合である．この正規集合 L に基づく同値関係 $\sim_L$ を導入する．

[*8)]　オートマトンの本来の意味は「自動機械」であり，今でいうロボットと同義語である．

これは記号列 $u, v \in \Sigma^*$ 間の次のような関係として定義する.
$$u \sim_L v \Leftrightarrow \forall x \in \Sigma^* (ux \in L \leftrightarrow vx \in L).$$
厳密には，関係 $\sim_L$ が同値関係の条件を満たすことを示さねばならないが，それは上記の定義から明らかなので，ここでは省略する.

例題 4.27 正規集合 $L(r_{3\text{bai}})$ に基づく同値関係を $\sim_3$ と書くことにする．この同値関係 $\sim_3$ に対して以下を示せ.
(1) $\varepsilon \sim_3 0 \sim_3 00 \sim_3 11$.
(2) $1 \sim_3 100$.
(3) $10 \sim_3 101$.

解答 (1) 正規表現 $r_{3\text{bai}}$ は，$r = 0 + 1(01^*0)^*1$ とすれば，$r_{3\text{bai}} = r^*$ という構造をしている．それに対し，この小問で考える ε, 0, 00, 11 は，いずれも r を，各々0回，1回，2回，1回繰り返して得られる列であり，その解釈しかできない．したがって，その各々のあとに x が連接されて，たとえば $00 \cdot x$ が L_3 に入るのは $x \in L_3$ のとき，そのとき限りである．つまり，任意の $x \in \Sigma_2^*$ に対し，$x \in L_3$ か否かを中心に考えると

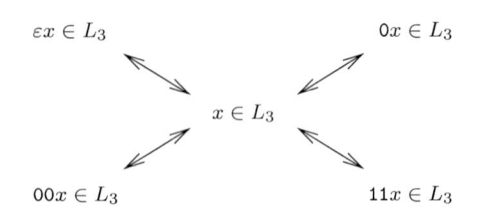

$$\varepsilon x \in L_3 \quad\quad 0x \in L_3$$
$$x \in L_3$$
$$00x \in L_3 \quad\quad 11x \in L_3$$

が成り立つので，すべてが $\sim_L$ の意味で同値となる.

(2), (3) 1 と 100 は，正規表現 r のうちの $1(01^*0)^*$ に対応している．したがって，そのあとに続く記号列 x で，$1x \in L_3$ となる場合と $100x \in L_3$ となる場合で違いは生じない．具体的には，$x = 1y$(ただし $y \in L_3$) のときに限り，$1x \in L_3$ であり，また同時に $100x \in L_3$ でもある．したがって，$1 \sim_3 100$ である．10 と 101 の同値性も同様に示すことができる．■

アルファベット Σ 上の正規集合を L とする．また，L により定められる Σ^*

の各記号列間の同値関係を $\sim_L$ とする．この $\sim_L$ による同値類を考える．たとえば，$u \in \Sigma^*$ を代表元とする同値類を $[u]_L$ とあらわすことにする．3.3 節の復習だが，$[u]_L$ は

$$[u]_L = \{v \mid u \sim_L v\}$$

である．

　一般に集合は，その集合上で定義された同値関係により同値類に直和分割される．この場合も Σ^* は $[u]_L$ のような同値類に直和分割される．正規集合の重要な性質は，この同値類が有限個しかない，という性質である．つまり，次の定理が成り立つ (この定理は，発見者の名を用いて**マイヒルの定理** (Myhill's theorem) と呼ばれている)．

定理 4.28 Σ 上の任意の正規集合 L に対し，L に関する同値類 $\sim_L$ で定義される同値類は有限種類しかない．言い換えれば商集合 $\Sigma^*/\sim_L$ は有限である．

　本書では定理の証明は省略するが，例として用いている集合 L_3 に対し，L_3 に基づく同値類をすべてあげてみよう．そのためには次の性質が重要である．

定理 4.29 集合 $L \subset \Sigma^*$ に基づく同値関係 $\sim_L$ に対し，$\sim_L$ による同値類を考える．このとき，任意の $u, w \in \Sigma^*$ と任意の $a \in \Sigma$ に対し，次の関係が成り立つ．

$$w \in [u]_L \to wa \in [ua]_L.$$

証明 任意の $u, w \in \Sigma^*$ と任意の $a \in \Sigma$ を考え，$w \in [u]_L$ を仮定し，$wa \in [ua]_L$ を導く．仮定 $w \in [u]_L$ は，定義より $w \sim_L u$ と同値であり，さらにそれは，$\forall x \in \Sigma^* \, (wx \in L \leftrightarrow ux \in L)$ にほかならない．つまり，仮定より $\forall x \in \Sigma^* \, (wx \in L \leftrightarrow ux \in L)$ が導かれる．
　ここで，すべての $x \in \Sigma^*$ を考える代わりに a で始まる記号列だけを考えても，$wx \in L \leftrightarrow ux \in L$ は当然成り立つ．つまり，任意の $x = ay$(ただし $y \in \Sigma^*$) に対し，$way \in L \leftrightarrow uay \in L$ である．言い換えれば $\forall y \in \Sigma^* \, ((wa)y \in L \leftrightarrow (ua)y \in L)$ であるが，これは $wa \sim_L ua$ の定義であり，それ

は $wa \in [ua]_L$ にほかならない. □

この定理から, 同値関係 $\sim_L$ による同値類をすべて列挙する手順が導ける. 基本的には, ε から始めて, 記号列の長さの短い順に, 各 $w \in \Sigma^*$ に対して $[w]_L$ が新たな同値類になっているかを調べる. その際に, $[w]_L$ が新たな同値類になっている場合にのみ, 次の段階で $[wa]_L$ を各 $a \in \Sigma$ に対して調べればよい. もしも, すでに調べた u に対し $w \in [u]_L$ であり, $[w]_L$ が新たな同値類を生み出さなかった場合には, $[wa]_L$ について考える必要はない. 補題より, $wa \in [ua]_L$ であり, しかも $[ua]_L$ は調べられている (あるいは, 将来調べられる) からである.

例 4.30 正規集合 L_3 に基づく同値関係 $\sim_3$ に対し, それにより定義される同値類を, 上の手順にしたがって全部列挙してみよう.

まず, ε から始める. ε を代表元とする同値類を $[\varepsilon]_3$ とあらわす. つまり, ε と同値な記号列の集合であるが, これは例題 4.27 より,

$$[\varepsilon]_3 = \{\varepsilon, 0, 00, 11, \ldots\}$$

である.

次に ε に 0 と 1 を連接した列 0, 1 を考える. まず, $0 \in [\varepsilon]_3$ なので, $[0]_3$ は新たな同値類ではない. 一方, $[1]_3$ は新たな同値類となる.

そこで (0 については考えなくてよくなるので) 1 に 0 と 1 を連接した列 10, 11 を考える. $11 \in [\varepsilon]_3$ なので新たな同値類は得られないが, $[10]_3$ は新しい.

そこで 10 に 0 と 1 を連接した列 100, 101 を考えると, $100 \in [1]_3$ かつ $101 \in [10]_3$ となり, 新たな同値類が得られなくなる. したがって, 同値類は $[\varepsilon]_3, [1]_3, [10]_3$ の 3 つであり, これらが商集合 $\Sigma_2^*/\sim_3$ の要素である.

このようにして得られた同値類と L の関係について考える. すると次の性質が成り立つ (証明は章末問題).

定理 4.31 正規集合 L に基づく同値関係 $\sim_L$ による同値類を考え, $[u]_L$ をその任意の 1 つとする. このとき, $[u]_L \subset L$ または $[u]_L \cap L = \emptyset$ のどちらかである. つまり, $[u]_L$ が L の要素を 1 つでも持てば, 実はすべての $[u]_L$ の要素が L の要素になっているのである.

4.4 数学の言葉の使用例：形式言語入門

我々の例で考えてみよう．3つの同値類 $[\varepsilon]_3, [1]_3, [10]_3$ の中で，$[\varepsilon]_3$ だけが $L_3 = L((0 + 1(01^*0)^*1)^*)$ の要素を含む．実際，代表元の ε はもちろん，

$$[\varepsilon]_3 = \{\varepsilon, 0, 00, 11, \dots\}$$

の要素すべてが L_3 の要素になっている．つまり，$[\varepsilon]_3 \subset L_3$ である．一方，ほかの同値類は L_3 の要素を一切含まない．つまり，$[1]_3 \cap L_3 = [10]_3 \cap L_3 = \emptyset$ である．したがって，$[\varepsilon]_3 = L_3$ となっていることがわかる．

一般には，L の要素を持つ同値類が1つとは限らない．しかし複数個あったとしても，上の定理から $L = [u_1]_L \cup \cdots \cup [u_k]_L$ が成り立つ．これらの同値類を，ここでは仮に「受理同値類」と呼ぶことにしよう．あらかじめ受理同値類がわかっていれば，あとは与えられた記号列 w が，どの同値類に含まれるかがわかれば，$w \in L$ か否かを判定することができる．

大分，準備が長くなってしまったが，これが最初の目標であった $L(r)$ に関する所属判定問題を解く鍵である．与えられた正規表現 r に対し，$L(r)$ に基づく同値類（有限個）を求め，その中で $[u]_{L(r)} \cap L(r) \neq \emptyset$ となる受理同値類を調べておく．具体的には，$[u]_{L(r)}$ の代表元 u が $L(r)$ の要素である同値類が受理同値類である．その上で，与えられた記号列 w に対して所属判定「$w \in L(r)$？」を調べるには，w がどの同値類に含まれるかを調べればよいのである．

ここで，w が含まれる同値類を調べる方法が必要になってくる．そのためには同値類間の関係が重要だ．再び例の集合 L_3 で考えてみよう．

たとえば，1の後に0を付け加えた記号列は同値類 $[10]_3$ に入る．しかも，定理 4.29 より，これは1だけでなく同値類 $[1]_3$ の要素すべてに共通する性質である．つまり，$[1]_3$ の要素の後ろに0が続くと，記号列は $[10]_3$ に移る．同様に，$[10]_3$（の要素の後ろ）に0が続くと，同値類 $[100]_3 (= [1]_3)$ に移る．この関係をたどって行けば，与えられた記号列 w の所属する同値類を見つけることができる．たとえば，1001 は，ε の後ろに，1, 0, 0, 1 と続く列なので，$[\varepsilon]_3$ から始まって，

$$[\varepsilon]_3 \xrightarrow{1} [\varepsilon \cdot 1]_3 \xrightarrow{0} [1 \cdot 0]_3 \xrightarrow{0} [10 \cdot 0]_3 \xrightarrow{1} [1 \cdot 1]_3$$
$$\| \qquad\qquad \| \qquad\qquad \| \qquad\qquad \|$$
$$[1]_3 \qquad\quad [10]_3 \qquad\quad [1]_3 \qquad\quad [\varepsilon]_3$$

この関係を，各同値類を頂点に，移動する関係を頂点間の有向辺としてあらわすと，図 4.8 のようになる．有向辺には，アルファベットの要素（この場合

には Σ_2 の要素) が付けられているが，これは，たとえば，同値類 $[1]_3$ に 0 が続くと，同値類 $[10]_3$ に進むことをあらわしている．さらに，二重矢印 ↗ 記号は，この同値類から出発することを意味している (したがって，一般の場合にも，↗ 記号は，この例のように ε を含む同値類に付くことになる)．さらに，$[\varepsilon]_3$ は ◎になっているが，これは $[\varepsilon]_3$ が受理同値類であることをあらわしている．

これが**オートマトン** (automaton) (厳密には有限オートマトン) と呼ばれる機械の一例である．

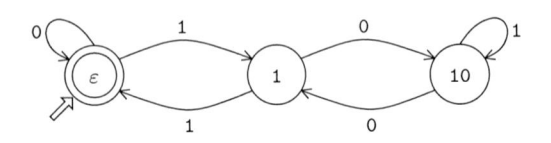

図 4.8　L_3 に関する所属判定をおこなうオートマトン A_3

例 4.32　図 4.8 のオートマトン A_3 を用いると，記号列の (L_3 に関する) 所属判定を機械的におこなうことができる．

たとえば，$w_1 = 01001011$ が L_3 の要素であるか否かを判定するには，↗ の付いた頂点から始め，1 文字目が 0 なので，0 が付いた矢印に沿って次の頂点へ進む．そこから，今度は 2 文字目が 1 なので，1 が付いた矢印に沿って次の頂点へ進む．さらにそこから ... と進んでいくと，最後に $[\varepsilon]_3$ に対応する頂点で終了する．この頂点に対応する同値類が，記号列 $w_1 = 01001011$ が所属する同値類である．w_1 の場合にはそれが受理同値類 (◎の頂点) なので $w_1 \in L_3$ である．

一方，$w_2 = 1011011$ に対して同様にたどってみると，$[1]_3$ に対応する頂点で終了する．したがって，$w_2 \in [1]_3$ であり $[1]_3 \cap L_3 = \emptyset$ なので，$w_2 \notin L_3$ である．

このように，↗ の付いた頂点から始め，スゴロクのように駒を進め，最終的に到達した頂点によって所属するか否かが判定できるのである．

くわしくは形式言語の教科書に譲るが，オートマトンに関する用語を簡単に

4.4 数学の言葉の使用例：形式言語入門

紹介しておく．まず，オートマトンの定義から述べる．アルファベット Σ 上のオートマトンとは，次の3つの条件を満たす有向グラフ A である．
 (1) 各頂点から Σ の各要素が付いた有向辺が出ている，
 (2) 二重矢印 ⤴ 記号が付いた頂点が，ちょうど1つある，そして
 (3) ◎の頂点が少なくとも1つはある．

オートマトンを議論する際には，各頂点を**状態**と呼ぶのが普通である．また，⤴ 記号が付いた頂点を**初期状態**，◎の各頂点を**受理状態**という．

オートマトン A 上で，与えられた Σ 上の記号列 w に対し，初期状態から出発し，対応する記号の辺に沿ってコマを進める操作を**オートマトン A の w に対する実行**という．その結果，最後に到達した状態 (頂点) が受理状態のとき，オートマトン A は記号列 w を**受理**するといい，受理状態以外のときは，w を**棄却**するという．オートマトン A が受理する記号列の集合を $L(A)$ とあらわし，これを A が**認識**する集合と呼ぶ．

本書では，まず目標の集合を正規表現で定義し，その正規表現で定義された集合に関する所属判定をおこなう機械としてオートマトンを導入した．しかし，目標の集合に対して，それを認識するオートマトンを設計するほうが考えやすい場合も多い．

例 4.33 我々の例である集合 L_3，すなわち，3の倍数の2進数表記の集合も，それを認識するオートマトンのほうが正規表現より考えやすい．実際，図 4.8 のオートマトン A_3 をながめて見ると，その3つの状態が，ある種の2進数表記の集合に対応していることがわかる．

まず，状態 $[\varepsilon]_3$ だが，これはいうまでもなく，3の倍数の2進数表記の集合に対応する．つまり，3で割った余り (3の剰余) が0となる2進列の集合である．それに対し，状態 $[1]_3$ は，3の剰余が1となる2進列の集合，状態 $[10]_3$ は，3の剰余が2となる2進列の集合に対応している．つまり，初期状態から状態 $[1]_3$ に到達する2進列を考えると，それがすべて，3の剰余が1となる数の2進数表記になっているのである．

3の倍数の2進数表記の集合を認識するオートマトンを設計したい場合には，これとは逆に考えることになる．つまり，記号列をどのように分類するかを考え，それに応じて必要な数だけ状態を用意する．たとえば，3の剰余が各々 $0, 1, 2$

となる 2 進列の集合に対応する状態を用意するのである (少し細かい話だが, これは空列も 3 の剰余が 0 となる 2 進列の 1 つと見なした場合である. 空列や 0 で始まる列を除外する場合には, もう 1 つ状態が必要になる).

逆に各状態に対して, そのような意味を定めると, 状態から状態へ移る有向辺もおのずと定まってくる.

たとえば, 3 の剰余が 0 となる 2 進列の後ろに 0 が付くとどうなるだろう. 数として見た場合には, ある 2 進数の末尾に 0 を付けるというのは, 2 倍することにほかならない. したがって, 末尾に 0 を付けても 3 の剰余は 0 のままである. このことから, 状態 $[\varepsilon]_3$ から出る 0 の有向辺の行き先が決まる. 再び, 状態 $[\varepsilon]_3$ へ戻るよう定めればよい.

それに対し, 2 進数 n の後ろに 1 を付けるということは, $2n+1$ にすることである. したがって, 状態 $[\varepsilon]_3$ から出る 1 の有向辺の行き先は, 状態 $[1]_3$(剰余が 1 となる 2 進列に対応する状態) である. ほかの 2 つの状態, $[1]_3$ と $[10]_3$ から出る各有向辺に対しても, 同様に, その行き先を決めることができるだろう.

最後に初期状態と受理状態を決める. 初期状態は, 空列 ε を要素に持つ集合に対応する状態である. 一方, 受理状態は, 目標の集合の (部分) 集合に対応する状態である. 受理状態が複数あり, それらのあらわす集合の和集合が目標の集合になっている場合もある.

目標の集合 L を認識するオートマトンを設計できたとしよう. それにより, L に関する所属判定は機械的におこなうことができる. さらに L を正規表現でもあらわすことができる. オートマトンから, それが認識する集合をあらわす正規表現を作ることができるのである. ここでは, その方法を例で示す.

例 **4.34**　図 4.9 のオートマトン A_3 から, $L(A_3)$(すなわち L_3) をあらわす正規表現を構成しよう.

まず, X, Y, Z で, 初期状態から対応する各状態に到達する記号列の集合の正規表現をあらわすことにする. 有向辺による状態間の推移から, 次のような関係式が成り立つ.

$$X = X0 + Y1 + \varepsilon,$$

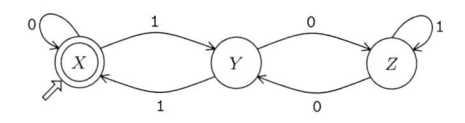

4.4 数学の言葉の使用例：形式言語入門

図 4.9 L_3 を認識するオートマトン A_3(再掲)

これは図 4.8 と同じものである．ただし，各状態の名前を正規表現と無関係な X, Y, Z とした．

$$Y = Z0 + X1,$$
$$Z = Z1 + Y0.$$

ただし，等号は同じ集合をあらわしていることを意味している．

この関係式の作り方を簡単に説明しておく．最初の式は後回しにし，2 番目の式から述べよう．この式はオートマトンの状態 Y に対して得られる．状態 Y には，状態 Z からの 0 という名前の付いた有向辺と，状態 X からの 1 という名前の付いた有向辺が入っている．そこで $Y = Z0 + X1$ という式を作るのである．同様に 3 番目の式では状態 Z に着目し，状態 Z には，状態 Z から 1 という名の有向辺と，状態 Y から 0 という名の有向辺が入っていることから，$Z = Z1 + Y0$ という式を作る．最初の式も同様だが，状態 X は初期状態なので，この場合には特別に $+\varepsilon$ を加えて，$X = X0 + Y1 + \varepsilon$ という式を作るのである．

上記の 3 式は 3 変数の連立 1 次方程式のように見える．その解き方は，通常の連立 1 次方程式とは少し異なるが簡単である．一般に，オートマトンから作られる連立方程式の各式は，$X = Xr + u$ という形をしている．ここで r, u は Σ 上の正規表現である (u には変数 Y, Z が含まれていてもよい)．このような式の解は

$$X = u \cdot (r^*)$$

となる (証明は省略する)．

たとえば，上記 3 行目の式を解くと

$$Z = (Y0) \cdot (1^*) = Y01^*$$

となる．この解を 2 行目の式の Z に代入すると

$$Y = Y01^*0 + X1$$

となるので，これを解くと
$$Y = X1(01^*0)^*$$
となるので，1行目の式に代入して，
$$X = X0 + X1(01^*0)^*1 + \varepsilon = X(0 + 1(01^*0)^*1) + \varepsilon$$
となる．これを解けば，変数がすべて消えた形で，
$$X = \varepsilon \cdot (0 + 1(01^*0)^*1)^* = (0 + 1(01^*0)^*1)^*$$
となる．この正規表現が，受理状態 X へ到達する記号列の集合をあらわしている．その集合は A_3 が認識する集合，つまり L_3 だ．よって，この最後の正規表現が目標の L_3 の正規表現である．

これまでの議論から，正規表現で表現できる集合に対し，それを認識するオートマトンが作れること，そして，オートマトンが認識する集合に対し，それをあらわす正規表現が作れることがわかった．それを簡潔に述べたのが次の定理である．

定理 4.35 任意の記号列の集合 $L \subset \Sigma^*$ に対し，次の2条件は同値である．
(1) L をあらわす正規表現がある．
(2) L を認識するオートマトンがある．

このように，正規集合に対しては，正規表現という簡潔な表現法があり，オートマトンという簡便な所属判定メカニズムがある．表現法とメカニズムの両者を利用できる正規集合は，記号処理の様々な場面で利用されている．

4.4 数学の言葉の使用例：形式言語入門　　　　195

Coffee Break #4

記号と付き合うコツ

　機械オンチと自称する人の中には，自分の思い込みでボタンなどを操作して，うまく行かないで「ダメだ」と思っている人が多いらしい．数学記号や数式が苦手というのも，それに似ているところがあるかもしれない．

　本書では，数学記号の基本的な使い方を説明してきたが，個々の記号は，それぞれ難しいものではない．ただ，自己流の解釈や都合のよい解釈は禁物である．落ち着いて丁寧に記号を読む，という姿勢が大切かもしれない．

　勝手な解釈は禁物だが，正しい直感が記号の理解を助ける場合もある．その代表例が $\forall, \exists$ の記号だろう．

　全称記号 $\forall$ と存在記号 $\exists$ の意味や使い方は，過去に多くの人々がつまづいてきたところである．大学で微分積分を学ぶときの関門として「$\varepsilon \cdot \delta$-論法」が有名だが，この難しさは「$\forall, \exists$ の壁」といってもよい．

　全称記号や存在記号にも言葉で意味が与えられている．たとえば，
$\forall x, \exists y \, P(x,y) \Leftrightarrow$ すべての x に対して，ある y が存在して $P(x,y)$ が真
と解釈するのが普通である．しかし，こうした言葉だけでは不十分であるし，かえって誤解が生じる可能性さえある．

　そこで将棋やチェスのゲームの感覚を利用した解釈を考えてみよう．$\forall$ は敵 (対戦相手) の手，$\exists$ は自分の手，と考えるのである．たとえば，上記の $\forall x, \exists y \, P(x,y)$ を

　　敵がどんな手 x で来ても，こちらの手 y によって $P(x,y)$ は真

と解釈するのである．

　この解釈はとくに，$\exists x, \forall y \, Q(x,y)$ のような命題の証明のときに重要だ．最初が自分の手番 $\exists x$ なので，自分の手 (x の値 a) を決めてから $\forall y \, Q(a,y)$ を証明すべきなのである．将棋だって，最初の1手を指さなければゲームが始まらないだろう．それと同じである．

章末問題

38. 式 (4.1) まで示すことができたならば，次のフェルマーの定理が成り立つことの証明まで，もう 1 歩である．その 1 歩を示し，フェルマーの定理を証明せよ (ヒント：素数 n の剰余を考えた場合，任意の正の自然数 b に対して，$b \cdot b' \bmod n = 1$ となる b' が存在することを用いてもよい．例 4.2 の例が参考になるだろう)．

> **フェルマーの定理** 任意の素数 n と任意の正の自然数 $a < n$ に対して次の式が成り立つ．
> $$a^{n-1} \bmod n = 1$$

39. すべての場合が命題 A, B でつくされたとする．しかも，$\neg P \wedge A$, $\neg P \wedge B$ のいずれの場合にも，矛盾 $Q \wedge \neg Q$ が導けたとする．このとき，P が恒真であることを示せ (ヒント：「すべての場合が命題 A, B でつくされる」というのは，$A \vee B$ が恒真であること，また，たとえば「$\neg P \wedge A$ から $Q \wedge \neg Q$ が導ける」というのは，$(\neg P \wedge A) \rightarrow (Q \wedge \neg Q)$ が恒真であることである)．

40. オーダー記法に関する次の関係を証明せよ (ヒント：$x \leq 1/t$ ならば $(1+x)^t < 1 + t^2 x$ となる事実を使うとよい．なお，対象が自然数なので底を $e = 2.718\ldots$ とする $\log(n)$ より，$\log_2(n)$ を用いたほうが議論がやりやすい．$\log(n) = a \log_2(n)$ となる定数 a が存在するので本質的には変わらない)．

(1) $(\log(n))^2 = O(n)$.

(2) $(\log(n))^{(\log(n))} \neq O(n^{10})$.

41. オーダー記法に関する次の関係を証明せよ (ヒント：(1) の場合，オーダー記法のための定数 c, d は t ごとに決めてよい)．

(1) $\forall t \in \mathbb{N}((\log(n))^t = O(n))$.

(2) $\forall t \in \mathbb{N}((\log(n))^{(\log(n))} \neq O(n^t))$.

42. 任意の $n \geq 1$ に対して，2^n 個 $\times$ 2^n 個の正方形タイルを敷き詰め，その中の 1 つを任意に取り除いた図形 (下図の左) を考える．この図形は，3 個の正方形タイルを下図の右のようにつなげた小タイル (3-タイルと呼ぶ) により，過不足なく覆える (ただし，3-タイルは任意に回転させてもよい)．この事実を証明せよ．

章 末 問 題　　　　　　　　　　　　　　　　　　　　197

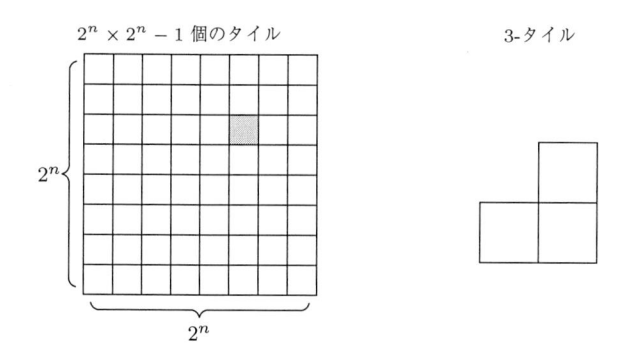

$2^n \times 2^n - 1$ 個のタイル　　　　　　3-タイル

43. 例 4.9 で定義したフィボナッチ数列 $f_1, f_2, \ldots$ に対して，次のような一般式が成り立つことを証明せよ．

$$f_n = \frac{1}{\sqrt{5}}\left(\left(\frac{1+\sqrt{5}}{2}\right)^n - \left(\frac{1-\sqrt{5}}{2}\right)^n\right) \tag{4.6}$$

44. 例 4.11 では，4-正則グラフの集合 R を帰納的に定義したが，その定義が本来の意味での 4-正則グラフの全体になっているかを確認せよ．具体的には，帰納的に定義した集合 R に対し，(1) R のすべての要素が 4-正則グラフになっていること，そして (2) すべての 4-正則グラフが R の要素になっていることを示せ (ヒント：(1) の証明は構造に基づく帰納法がよい．一方，(2) の証明は頂点の数に基づく帰納法がよいだろう)．

45. 以下は自然数 $\mathbb{N}$ 上の述語の形式的表現と直感的理解に関する問題である．まず，次の (1),(2) のように定義された述語に対し，その意味を簡潔に述べよ．一方，(3) については，その問いに答えよ．

(1) $H(n) \Leftrightarrow \forall x, y \in \mathbb{N}((x < n \land y < n) \to x \cdot y \neq n)$.

(2) $I(x, n) \Leftrightarrow \exists y, \exists a \in \mathbb{N}(x - y^2 = a \cdot n)$.

(3) 我々が日常に使っている硬貨は，1 円，5 円，10 円，50 円，100 円，500 円だが，仮に 2 円玉，6 円玉，9 円玉しかなくても，8 円以上の金額はすべてあらわすことができる．この性質をあらわすため，述語 $J(a, b, c, m)$ を「a 円玉，b 円玉，c 円玉により，m 円以上の金額はすべてあらわすことができる」と定義する．たとえば，$J(2, 6, 9, 8)$ は真である．この述語を論理式で形式的にあらわせ．

46. 次の (1),(2) は，有向グラフ $G = (V, E)$ に関する性質を論理式で記述したものである．その意味を簡潔に述べよ．ただし，V 上の二項関係 $R(u, v)$ を $R(u, v) \Leftrightarrow ((u, v) \in E)$ と定義し，R^* を，その反射推移閉包とする．

(1) $\forall u, v_1, v_2 \in V(v_1 \neq v_2 \land R(u, v_1) \land R(u, v_2) \to \exists w \in V(R^*(v_1, w) \land R^*(v_2, w)))$.
(2) $\forall u \in V, \exists v \in V(R(u, v)) \land \neg(\exists w, v_1, v_2 \in V(v_1 \neq v_2 \land R(w, v_1) \land R(w, v_2)))$.

47. 例 4.16 では，3-彩色可能という概念を頂点の直和分割により定式化した．ここでは写像を用いて k-彩色可能という概念を定式化してみる．具体的には，与えられた無向グラフ $G = (V, E)$ (ただし V は G の頂点の集合，E は G の辺の集合) に対する彩色を，V から $K = \{1, 2, \ldots, k\}$ への写像であらわすことにする．この写像が「正しい彩色」になっているか否かを判定する条件を論理式で示せ．

48. 記号列の集合 A の連接閉包 A^* を帰納的に定義せよ．

49. 次の各問いに答えよ．
(1) 正規表現 $r = (a+b+c)^*a(a+b+c)^*b(a+b+c)^*c(a+b+c)^*$ があらわす集合を簡潔に説明せよ．
(2) 次の集合を定義する正規表現を示せ．$L_{\text{same}} = $ (同じ数の a と b から構成される記号列の集合).
(3) 次の集合を定義する正規表現を示せ．$L_{\text{sanbai}} = \{0^n \mid \exists k \in \mathbb{N}(n = 3k)\}$.

50. 次の各集合を認識するオートマトンを示せ．
(1) 次のオートマトン A が受理する記号列 $L(A)$ を左右逆に並べた記号列の集合 $L(A)^R$．たとえば，abab $\in L(A)$ なのに対し，baba $\in L(A)^R$ である．

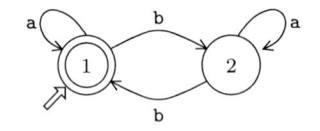

(2) $L_{\text{same}} = $ (同じ数の 0 と 1 から構成される記号列の集合).

51. 定理 4.28 を用い，集合 $L = \{a^n b^n \mid n \in \mathbb{N}\}$ が正規集合でないことを示せ．

52. 定理 4.31 を証明せよ．

章末問題解答

第 1 章

1. (1) 命題 P, Q, R の真偽のすべての組合せについて真偽の表を作成し，両辺の真偽を比較すると，次のようになる．

P	Q	R	左辺の計算		右辺の計算	
			$P \lor Q$	$(P \lor Q) \lor R$	$Q \lor R$	$P \lor (Q \lor R)$
T	T	T	T	T	T	T
T	T	F	T	T	T	T
T	F	T	T	T	T	T
T	F	F	T	T	F	T
F	T	T	T	T	T	T
F	T	F	T	T	T	T
F	F	T	F	T	T	T
F	F	F	F	F	F	F

この表より，$(P \lor Q) \lor R$ の欄と $P \lor (Q \lor R)$ の欄の真偽がすべて一致していることから，$(P \lor Q) \lor R \Leftrightarrow P \lor (Q \lor R)$ が成り立つことが示された．

3. 命題 $P \to Q$ の裏は $\neg P \to \neg Q$ である．各法則を用いて変形していくと

$$\neg P \to \neg Q \Leftrightarrow \neg\neg P \lor \neg Q \qquad \text{(定理 1.11)}$$
$$\Leftrightarrow P \lor \neg Q \qquad \text{(二重否定の法則)}$$
$$\Leftrightarrow \neg Q \lor P \qquad \text{($\lor$ の交換法則)}$$
$$\Leftrightarrow Q \to P \qquad \text{(定理 1.11)}$$

となり，これは命題 $P \to Q$ の逆である．よって，裏と逆は真偽が一致する．

4. (1) 命題 $\neg(P \lor \neg Q)$ を仮定し，各法則を用いて論理の計算をしていくと

$$\neg(P \lor \neg Q) \Rightarrow \neg P \land \neg\neg Q \qquad \text{(ド・モルガンの法則)}$$
$$\Rightarrow \neg P \land Q \qquad \text{(二重否定の法則)}$$

$$\Rightarrow Q \wedge \neg P \qquad (\wedge \text{の交換法則})$$

となり，$\neg(P \vee \neg Q) \to Q \wedge \neg P$ が示された．

(4) 命題 $(P \to Q) \wedge (Q \to R)$ を仮定し，各法則を用いて論理の計算をしていくと

$$\begin{aligned}
(P \to Q) \wedge (Q \to R) &\Rightarrow (\neg P \vee Q) \wedge (Q \to R) & (\text{定理 1.11}) \\
&\Rightarrow (\neg P \wedge (Q \to R)) \vee (Q \wedge (Q \to R)) & (\text{分配法則}) \\
&\Rightarrow (\neg P \wedge (Q \to R)) \vee R & (\text{例題 1.16}) \\
&\Rightarrow (\neg P \vee R) \wedge ((Q \to R) \vee R) & (\text{分配法則}) \\
&\Rightarrow \neg P \vee R & (\text{定理 1.15}) \\
&\Rightarrow P \to R & (\text{定理 1.11})
\end{aligned}$$

となり，$((P \to Q) \wedge (Q \to R)) \to (P \to R)$ が示された．

5. 「$P(a)$ である a が存在する」は $\exists a P(a)$ とあらわせる．そのような a がただ 1 つであることをあらわすには，「$P(a)$ かつ $P(b)$ であるならば a と b は同じものである」とすればよい．これは $(P(a) \wedge P(b)) \to (a = b)$ とあらわせる．ただし，どのような a, b を考えてもそれが成り立たなければならない．したがって $\forall a, b((P(a) \wedge P(b)) \to (a = b))$ とすべきだろう．よって「$P(a)$ である a がただ 1 つ存在する」は次のような式となる．

$$(\exists a P(a)) \wedge \forall a, b((P(a) \wedge P(b)) \to (a = b)).$$

6. (1) 命題 $\neg(\forall x(P(x) \vee \neg Q(x)))$ を仮定し，各法則を用いて論理の計算をしていくと

$$\neg(\forall x(P(x) \vee \neg Q(x))) \Rightarrow \exists x \neg(P(x) \vee \neg Q(x)). \qquad (\forall \text{の否定})$$

ここで，存在記号の意味による推論を用いると，命題 $\neg(P(a) \vee \neg Q(a))$ を真にするような a が存在する．この命題からさらに推論していくと

$$\begin{aligned}
\neg(P(a) \vee \neg Q(a)) &\Rightarrow \neg P(a) \wedge \neg\neg Q(a) & (\text{ド・モルガンの法則}) \\
&\Rightarrow \neg P(a) \wedge Q(a) & (\text{二重否定の法則})
\end{aligned}$$

となる．このような a が存在するので，再び存在記号の意味から $\exists x(\neg P(x) \wedge Q(x))$ が導かれる．よって $\neg(\forall x(P(x) \vee \neg Q(x))) \to \exists x(\neg P(x) \wedge Q(x))$ が示された．

(2) 命題 $\exists x(P(x) \wedge Q(x))$ を仮定し，各法則を用いて論理の計算をしていく．ただし，かなり練習を積んできたので，ここでは少し簡略化した導き方をしてみよう．まず，仮定の命題 $\exists x(P(x) \wedge Q(x))$ に対し，存在記号の意味より，命題 $P(a) \wedge Q(a)$ を真にするような a が存在する．したがって $P(a)$ が成り立つ（正確には定理 1.15）．そこで再び存在記号の意味より $\exists x P(x)$ が導かれる．同様に $\exists x Q(x)$ も導かれる．したがって $\exists x P(x) \wedge \exists x Q(x)$．つまり

$$\exists x(P(x) \wedge Q(x)) \Rightarrow \exists x P(x) \wedge \exists x Q(x)$$

が示されたわけである．よって命題 $\exists x(P(x) \wedge Q(x)) \to (\exists x P(x) \wedge \exists x Q(x))$ は恒真である．

(3) ここでは，さらに簡略化して全称記号や存在記号を付けたままでの論理の計算をおこなってみよう．命題 $\forall x P(x) \wedge \forall x(P(x) \to Q(x))$ を仮定すると，定理 1.23 より，
$$\forall x(P(x) \wedge (P(x) \to Q(x)))$$
が示せる．これに対して $P \wedge (P \to Q) \Rightarrow Q$(例題 1.16) を適用すると
$$\forall x(P(x) \wedge (P(x) \to Q(x))) \Rightarrow \forall x Q(x)$$
となり，目標の命題が得られる．したがって，$(\forall x P(x) \wedge \forall x(P(x) \to Q(x))) \to \forall x Q(x)$ は恒真である．

7. (1) 包含関係の定義より $\forall x(x \in A \cap B \to x \in A)$ を示せばよい．任意の e を固定するとき，
$$e \in A \cap B \Rightarrow e \in A \wedge e \in B \qquad (\cap \text{ の定義})$$
$$\Rightarrow e \in A \qquad (\text{定理 1.15})$$
が成立する．よって $\forall x(x \in A \cap B \to x \in A)$，すなわち $A \cap B \subset A$ が示された．

(3) 包含関係の定義より $\forall x(x \in A \setminus B \to x \in A \cup B^c)$ を示せばよい．任意の e を固定するとき，
$$e \in A \setminus B \Rightarrow e \in A \wedge e \notin B \qquad (\setminus \text{ の定義})$$
$$\Rightarrow e \in A \qquad (\text{定理 1.15})$$
$$\Rightarrow e \in A \vee e \notin B \qquad (\text{定理 1.15})$$
$$\Rightarrow e \in A \cup B^c \qquad (\cup \text{ の定義})$$
が成立する．よって $\forall x(x \in A \setminus B \to x \in A \cup B^c)$，すなわち $A \setminus B \subset A \cup B^c$ が示された．

8. (1) $A \cap \emptyset = \emptyset$ を示すためには $A \cap \emptyset \subset \emptyset$ および $\emptyset \subset A \cap \emptyset$ を示せばよいが，$\emptyset \subset A \cap \emptyset$ は定理 1.47 ですでに示されているので，$A \cap \emptyset \subset \emptyset$ のみ示す．任意の e を固定するとき
$$e \in A \cap \emptyset \Rightarrow e \in A \wedge e \in \emptyset \qquad (\cap \text{ の定義})$$
$$\Rightarrow e \in \emptyset \qquad (\text{定理 1.15})$$
が成立するので，全称記号の意味による推論から $\forall x(x \in A \cap \emptyset \to x \in \emptyset)$ が成立する．すなわち $A \cap \emptyset \subset \emptyset$ であり，$A \cap \emptyset = \emptyset$ が示された．

(3) $\emptyset \subset (A \cap B) \cap (A \setminus B)$ は定理 1.47 から明らかなので $(A \cap B) \cap (A \setminus B) \subset \emptyset$ を示す．空集合は述語 $x \in B$ を用いることで
$$\emptyset = \{x \mid (x \in B) \wedge \neg(x \in B)\}$$

とあらわせることを使う．任意の e に対して，

$$e \in (A \cap B) \cap (A \setminus B)$$
$$\Rightarrow e \in A \cap B \land e \in A \setminus B \qquad (\cap \text{ の定義})$$
$$\Rightarrow (e \in A \land e \in B) \land (e \in A \land e \notin B) \qquad (\cap \text{ と } \setminus \text{ の定義})$$
$$\Rightarrow e \in B \land \neg(e \in B) \qquad (\text{論理の計算})$$
$$\Rightarrow e \in \emptyset$$

が成立するので，$(A \cap B) \cap (A \setminus B) \subset \emptyset$ であり，$(A \cap B) \cap (A \setminus B) = \emptyset$ が示された．

9. (1) まず $(A \cap B) \times (C \cap D) \subset (A \times C) \cap (B \times D)$ を示す．任意の e を固定したとき，

$$e \in (A \cap B) \times (C \cap D) \Rightarrow \exists x \exists y (e = (x, y) \land (x, y) \in (A \cap B) \times (C \cap D))$$

であるから，この式を満たすものを e_1, e_2 とすると

$$e = (e_1, e_2) \land (e_1, e_2) \in (A \cap B) \times (C \cap D)$$

が成立する．ここで $e = (e_1, e_2)$ は覚えておいて，後半からさらに計算を続けると

$$(e_1, e_2) \in (A \cap B) \times (C \cap D)$$
$$\Rightarrow (e_1 \in A \cap B) \land (e_2 \in C \cap D) \qquad (\times \text{ の定義})$$
$$\Rightarrow (e_1 \in A \land e_1 \in B) \land (e_2 \in C \land e_2 \in D) \qquad (\cap \text{ の定義})$$
$$\Rightarrow (e_1 \in A \land e_2 \in C) \land (e_1 \in B \land e_2 \in D) \qquad (\land \text{ の性質})$$
$$\Rightarrow ((e_1, e_2) \in A \times C) \land ((e_1, e_2) \in B \times D) \qquad (\times \text{ の定義})$$
$$\Rightarrow (e_1, e_2) \in (A \times C) \cap (B \times D) \qquad (\cap \text{ の定義})$$

となる．つまり $e \in (A \times C) \cap (B \times D)$ が導けたので，$(A \cap B) \times (C \cap D) \subset (A \times C) \cap (B \times D)$ が示された．$(A \times C) \cap (B \times D) \subset (A \cap B) \times (C \cap D)$ も同様に示すことができる．

第 2 章

11. (1) 関数といえる．

(2) たとえば $x = 1/2$ の場合，$x = 2/4$ とあらわすこともできるので分母 q は 1 つに定まらず，よって関数とはいえない．

(3) 関数といえる．

(4) 関数とはいえない．

(5) 式変形すると $y = 1/(x+1)^2$ となり，x に対して y がただ 1 つの実数として

定まるので，関数といえる．

(6) どのような x に対しても式を満たす y が存在しないので，関数とはいえない．

12. (1) $f: X \to Y$ であるから，値域は Y である．

(2) $S = \{a, b\}$ より $f(S) = \{f(a), f(b)\} = \{x, z\}$.

(3) $y = f(c) = f(d)$ であり，$z = f(b)$ である．よって $f^{-1}(T) = \{b, c, d\}$.

15. (1) 任意の a を考え，$a \in p_Y(S)$ から出発すると，

$$a \in p_Y(S) \Rightarrow \exists (x, y) \in S(a = p_Y(x, y)) \qquad \text{(像の定義)}$$
$$\Rightarrow \exists (x, y) \in S(a = y) \qquad (p_Y \text{ の定義})$$
$$\Rightarrow \exists x((x, a) \in S).$$

ここで，仮定 $S \subset T$ より，$(x, a) \in S \Rightarrow (x, a) \in T$ であることから

$$\exists x((x, a) \in S) \Rightarrow \exists x((x, a) \in T)$$
$$\Rightarrow \exists (x, y) \in T(a = y)$$
$$\Rightarrow \exists (x, y) \in T(a = p_Y(x, y)) \qquad (p_Y \text{ の定義})$$
$$\Rightarrow a \in p_Y(T) \qquad \text{(像の定義)}$$

となり，a が任意であることから $p_Y(S) \subset p_Y(T)$ が導けた．

16. (1) 任意の a を考え，$a \in f(A \cap B)$ を仮定すると

$$a \in f(A \cap B)$$
$$\Rightarrow \exists x \in A \cap B(a = f(x)) \qquad \text{(像の定義)}$$
$$\Rightarrow \exists x(x \in A \cap B \land a = f(x)).$$

ここで b を $b \in A \cap B \land a = f(b)$ を満たす要素とすると

$$\Rightarrow b \in A \cap B \land a = f(b)$$
$$\Rightarrow b \in A \land b \in B \land a = f(b) \qquad (\cap \text{ の定義})$$
$$\Rightarrow (b \in A \land a = f(b)) \land (b \in B \land a = f(b))$$
$$\Rightarrow \exists x(x \in A \land a = f(x)) \land \exists y(y \in B \land a = f(y)) \qquad (\exists \text{ の意味})$$
$$\Rightarrow \exists x \in A(a = f(x)) \land \exists y \in B(a = f(y))$$
$$\Rightarrow a \in f(A) \land a \in f(B) \qquad \text{(像の定義)}$$
$$\Rightarrow a \in f(A) \cap f(B). \qquad (\cap \text{ の定義})$$

よって $f(A \cap B) \subset f(A) \cap f(B)$ が示された．

(4) 任意の a に対し

$$a \in f^{-1}(S \cup T) \Leftrightarrow f(a) \in S \cup T \qquad (逆像の定義)$$
$$\Leftrightarrow f(a) \in S \lor f(a) \in T \qquad (\cup の定義)$$
$$\Leftrightarrow a \in f^{-1}(S) \lor a \in f^{-1}(T) \qquad (逆像の定義)$$
$$\Leftrightarrow a \in f^{-1}(S) \cup f^{-1}(T). \qquad (\cup の定義)$$

よって $f^{-1}(S \cup T) = f^{-1}(S) \cup f^{-1}(T)$ が示された.

(6) 任意の a を固定して考える. 写像の定義より, $f^{-1}(Y) = X$ であることを用いると

$$a \in f^{-1}(Y \setminus S) \Rightarrow f(a) \in Y \setminus S \qquad (逆像の定義)$$
$$\Rightarrow f(a) \in Y \land f(a) \notin S \qquad (\setminus の定義)$$
$$\Rightarrow a \in f^{-1}(Y) \land a \notin f^{-1}(S) \qquad (逆像の定義)$$
$$\Rightarrow a \in f^{-1}(Y) \setminus f^{-1}(S)$$
$$\Rightarrow a \in X \setminus f^{-1}(S).$$

したがって $f^{-1}(Y \setminus S) = X \setminus f^{-1}(S)$ が示された.

(7) 任意の a に対して

$$a \in f(f^{-1}(S)) \Rightarrow \exists x \in f^{-1}(S)(a = f(x)). \qquad (像の定義)$$

そこで, b を $b \in f^{-1}(S) \land a = f(b)$ を満たす要素として議論を進めると

$$b \in f^{-1}(S) \land a = f(b) \Rightarrow f(b) \in S \land a = f(b) \qquad (逆像の定義)$$
$$\Rightarrow a \in S.$$

よって $f(f^{-1}(S)) \subset S$ が示された.

17. $f(x) = \tan(\pi x - \pi/2)$ によって $f : (0, 1) \to \mathbb{R}$ を定義すると, f は単調増加関数となることから単射であることがわかる. 全射であることは $\lim_{x \to +0} f(x) = -\infty, \lim_{x \to 1-0} f(x) = \infty$ および中間値の定理を用いて示される.

18. 写像 f が全射であることから, 任意の $y \in Y$ に対して $f(x) = y$ を満たす $x \in X$ が存在する. よって, グラフの定義より $(x, y) \in G$ であり, 写像 r の定義より $(y, x) \in r(G)$ である. したがって, $y \in Y$ に対して $(y, x) \in r(G)$ を満たすような $x \in X$ が少なくとも 1 つは存在することがわかった. 一方, そのような x が 2 通り存在したとしよう. それらを $x_1, x_2 \in X$ とすると, $(y, x_1) \in r(G)$ かつ $(y, x_2) \in r(G)$ が成り立つ. これは $(x_1, y) \in G$ かつ $(x_2, y) \in G$ を意味し, さらにグラフの定義より

$$f(x_1) = y = f(x_2)$$

が成り立つ. ここで f は単射であることから $x_1 = x_2$ が導かれる. これは $(y, x) \in r(G)$ を満たす $x \in X$ がただ 1 つであることを意味しており, したがってそのような x を

章末問題解答　　　205

$g(y)$ とあらわすことで $r(G)$ をグラフとする写像 $g: Y \to X$ が与えられることが示された．$g: Y \to X$ が全射であることを示そう．G が写像 f のグラフであることから，任意の $x \in X$ に対して $(x, f(x)) \in G$ を満たす．このとき $(f(x), x) \in G'$ となり，これは $y = f(x)$ とすると $(y, x) \in G'$，すなわち $g(y) = x$ であることを示している．よって g は全射である．一方，単射であることは，$y_1, y_2 \in G'$ に対して $g(y_1) = g(y_2) = x$ とすると $(y_1, x) \in G'$ かつ $(y_2, x) \in G'$，すなわち $(x, y_1) \in G$ かつ $(x, y_2) \in G$ となり，G が写像のグラフであることから $y_1 = f(x) = y_2$ が導かれる．したがって g は全単射である．

20. X は可算集合なので，全単射 $f: \mathbb{N} \to X$ が存在する．

(1) C が有限集合なので，$D = C \setminus X$ とすると D も有限集合である．$D = \emptyset$ のときは $X \cup C = X$ より明らか．$D \neq \emptyset$ とする．D の濃度を $n \in \mathbb{N}$ とすると，全単射 $g: \{0, 1, \ldots, n-1\} \to D$ が存在する．ここで $h: \mathbb{N} \to X \cup C$ を $k \in \mathbb{N}$ に対して

$$h(k) = \begin{cases} g(k), & k \leq n - 1 \text{ のとき}, \\ f(k - n), & n \leq k \text{ のとき} \end{cases}$$

と定義すると h は全単射となり，よって $X \cup C$ は可算集合となる．

(2) Y が可算集合なので，$Z = Y \setminus X$ とすると D はたかだか可算集合である．Z が有限集合の場合には 1) と同様にして $X \cup Y$ が可算集合であることが示せる．Z が可算集合のときは全単射 $g: \mathbb{N} \to Z$ が存在するので，これを用いて $h: \mathbb{N} \to X \cup Y$ を $k \in \mathbb{N}$ に対して

$$h(k) = \begin{cases} g\left(\dfrac{k}{2}\right), & k \text{ が偶数のとき}, \\ f\left(\dfrac{k-1}{2}\right), & k \text{ が奇数のとき} \end{cases}$$

と定義すると h は全単射となり，よって $X \cup Y$ は可算集合となる．

22. $C_0, C_1, C_2, \ldots$ を 89 ページのように定義すると，$x \in C_1$ であることは x を $0.x_1 x_2 x_3 \ldots$ と 3 進展開したときの小数第 1 位 x_1 が 0 または 2 であることと同値である．一般に，自然数 n に対し $x \in C_n$ であることは，x を 3 進展開したときに小数第 1 位から小数第 n 位までのすべての桁が 0 または 2 であることと同値になる．これを示すことで，カントール集合 C は $\bigcap_{n=0}^{\infty} C_n$ と等しいことが示される．

23. g は Y から $X \setminus X_0$ への全単射であることを用いて示そう．任意の $a \in Y$ に対して $b = g(a) \in X \setminus X_0 \subset X$ をとると $b \in X \setminus X_0$ より

$$h_0(b) = \hat{g}^{-1}(b) = \hat{g}^{-1}(g(a)) = a$$

となる．したがって h_0 は全射である．

24. 有理数の全体 $\mathbb{Q}$ は可算集合なので，全単射 $f: \mathbb{Q} \to \mathbb{N}$ が存在する．$\mathbb{Q}$ の任意

の部分集合 A に対して $f(A)$ は自然数の部分集合なので, $f(A)$ の中で最小のものが存在する. これを n_0 としよう. このとき, $f^{-1}(n_0)$ は, f が全単射であることから A の 1 つの要素, すなわち $f^{-1}(n_0) \in A$ となる. ここで $g(A) = f^{-1}(n_0) \in A$ とすると g は $\mathbb{Q}$ の選択関数となる.

第 3 章

25. X に最大要素 M が存在すると仮定すると
$$\{a\} \subset M, \{b\} \subset M, \{c\} \subset M, \{d\} \subset M \Rightarrow A = \{a,b,c,d\} \subset M$$
となる. $M \subset A$ とあわせると $M = A$ となり $M \in X$ に矛盾する. よって最大要素は存在しない. 最小要素 N が存在すると仮定すると
$$N \subset \{a\}, N \subset \{b\} \Rightarrow N \subset \{a\} \cap \{b\} = \emptyset$$
より $N = \emptyset$ となり $N \in X$ に矛盾する. よって最小要素も存在しない. 極大要素は $\{a,b,c\}, \{b,c,d\}, \{a,c,d\}, \{a,b,d\}$ である. 極小要素は $\{a\}, \{b\}, \{c\}, \{d\}$ となる.

26. $X = \{2, 3, 4, 6, 9, 12, 18, 36\}$ であり, 最大要素は 36 で, 最小要素は存在しない. 極大要素は 36 で, 極小要素は 2 と 3 である.

27. 2 個の集合が順序同型であれば, 濃度は等しい. $\mathbb{R}$ は連続濃度を持ち, $\mathbb{N}, \mathbb{Z}, \mathbb{Q}$ は可算濃度を持つから, $\mathbb{R}$ は $\mathbb{N}, \mathbb{Z}, \mathbb{Q}$ のいずれとも順序同型でない. $\mathbb{N}$ とある集合 X に対し順序同型写像 $f: \mathbb{N} \to X$ が存在したと仮定すると X のすべての要素 x に対し, $f(1) \leq x$ が成り立つことになる. $X = \mathbb{Z}, \mathbb{Q}$ とするとこのような $f(1)$ は存在しないため, $\mathbb{N}$ は, $\mathbb{Z}, \mathbb{Q}, \mathbb{R}$ のいずれとも順序同型ではない.

28. 与えられた関係を $x \sim y$ とおく.
$$(x^2 - x^2)(1 - x^2 - x^2) = 0$$
により反射律 $x \sim x$ が成立する. $x \sim y$ ならば
$$(y^2 - x^2)(1 - x^2 - y^2) = 0 \Rightarrow (x^2 - y^2)(1 - y^2 - x^2) = 0$$
により $y \sim x$ となり対称律が成立する. $x \sim y, y \sim z$ のとき
$$(y^2 = x^2) \lor (x^2 + y^2 = 1)$$
および
$$(z^2 = y^2) \lor (y^2 + z^2 = 1)$$
により
$$(x^2 = z^2) \lor (x^2 + z^2 = 1)$$
が真となり $x \sim z$ となる. 推移律も成立するので与えられた二項関係は同値関係である.

章末問題解答　　　　　　　　　　　　　　　207

31. $C(a) \cap C(b) \neq \emptyset$ のとき，その共通要素を c とすると，$c \in C(a)$, $c \in C(b)$ よりそれぞれ $c \sim a$, $c \sim b$ がしたがう．

$$c \sim a \land c \sim b \Rightarrow a \sim c \land c \sim b \quad \text{(対称律)}$$
$$\Rightarrow a \sim b \quad \text{(推移律)}$$

となり $C(a) = C(b)$ が導かれる．

34. (1) 反射律，対称律，推移律が成り立つことを示す．$(m,n)I(m,n)$ であり，

$$G(R^*) = \bigcup_{k=0}^{\infty} G(R^k)$$

により 反射律 $\forall (m,n)\, ((m,n)R^*(m,n))$ が成り立つ．$(m,n)R^*(m',n')$ ならば，ある $k \geq 0$ に対して $(m,n)R^k(m',n')$ であり手を逆に指していくと，$(m',n')R^k(m,n)$ が得られ $(m',n')R^*(m,n)$ が成立するので対称律が成り立つ．$(m,n)R^*(m',n')$, $(m',n')R^*(m'',n'')$ ならば，ある $j \geq 0$, $k \geq 0$ に対して $(m,n)R^j(m',n')$, $(m',n')R^k(m'',n'')$ であり，$(m,n)R^{j+k}(m'',n'')$ が成り立つ．したがって推移律が成り立つ．

(2) $(m,n)R^*(p,q)$ は，$n-2m$ を 4 で割った余りと $q-2p$ を 4 で割った余りが等しいことをあらわす．言い換えると $n-2m-(q-2p)$ が 4 で割り切れることである．

(3) $(\mathbb{Z} \times \mathbb{Z})/R^* = \{C((0,0)), C((0,1)), C((0,2)), C((0,3))\}$ となる．

35. $k \geq 0$ に対して

$$(m,n)\, R^k\, (m',n') \Leftrightarrow n' = n+k,\; |m'-m| \leq k$$

となる．推移閉包 R^+ は

$$(m,n)\, R^+\, (m',n') \Leftrightarrow n' > n,\; |m'-m| \leq n'-n$$

となり，反射推移閉包 R^* は

$$(m,n)\, R^*\, (m',n') \Leftrightarrow n' \geq n,\; |m'-m| \leq n'-n$$

となる．

36. $G(R^+)$, $G(R^*)$ はそれぞれ次のように与えられる．

$$G(R^+) = \{(x, x+1) | 0 \leq x \leq 2\} \cup \{(x, x+2) | 0 \leq x \leq 1\} \cup \{(0,3)\},$$

$$G(R^*) = \{(x, x) | 0 \leq x \leq 4\} \cup \{(x, x+1) | 0 \leq x \leq 2\}$$
$$\cup \{(x, x+2) | 0 \leq x \leq 1\} \cup \{(0,3)\}.$$

37. (1) 区間 I_k の長さ $|I_k|$ は

$$|I_k| = \frac{b_0 - a_0}{2^k}$$

で与えられ，$\lim_{k \to \infty} |I_k| = 0$ が成立する．

(2) 正の整数 j, k $(j \geq k)$ に対し，$b_j, b_k \in I_k$ となるので

$$|b_j - b_k| \leq |I_k|$$

となり，$\lim_{k \to \infty} |I_k| = 0$ から (b_k) は基本列となる．

(3) 各 $k \in \mathbb{N}$ に対し $x \leq b_k$ となる．有理数の基本列 (p_k) を使い，$x = [(p_k)]$ とおく．$\lim_{k \to \infty} |p_k - x| = 0$ により

$$p_k - b_k = p_k - x + x - b_k \leq |p_k - x|$$

となり，有理数の基本列の大小関係の定義より $(p_k - b_k) \leq 0$ がしたがい，$x \leq z$ が導かれる．

第 4 章

38. 例 4.2 で示した例をもとに説明する．例では $a = 5, n = 13$ を考えたが，その場合，$k = 1 \sim 12$ で $5 \times k \bmod 13$ を求めると，$1 \sim 12$ がすべて一度ずつ答えとして得られる．したがって，それらをすべて掛け合わせると

$$(5 \times 1 \bmod 13) \times (5 \times 2 \bmod 13) \times \cdots \times (5 \times 12 \bmod 13) = 1 \times 2 \times \cdots 12 = 12!$$

となる．ただし $12!$ は 12 の階乗である．剰余の計算 ($\bmod 13$ の計算) は，最後におこなってもよいので，この式の左辺は $(5^{12} \times 12!) \bmod 13$ である．つまり，次の式が成り立つ．

$$(5^{12} \times 12!) \bmod 13 = 12!$$

さて，例 4.2 でも述べたように，任意の b に対して，$b \times b' \bmod 13 = 1$ となる b' が存在する．したがって，$12!$ に対しても，そのような b' が存在する．これを上式の辺々に掛けると，$5^{12} \bmod 13 = 1$ となる．この議論を一般の素数 n と a(ただし $0 < a < n$) に対しておこなえばよい．

39. 両者から矛盾が導けたとする．すなわち，$\neg P \wedge A \Rightarrow Q \wedge \neg Q$ ならびに，$\neg P \wedge B \Rightarrow Q \wedge \neg Q$ が証明できたとしよう．したがって

$$(\neg P \wedge A \to Q \wedge \neg Q) \wedge (\neg P \wedge B \to Q \wedge \neg Q)$$

が真である．$\wedge$ の左右の各々の対偶を考えると

$$((Q \vee \neg Q) \to (P \vee \neg A)) \wedge ((Q \vee \neg Q) \to (P \vee \neg B))$$

となる (括弧は見やすさのため)．

さて，任意の命題 X, Y, Z に対して，分配法則を用いると

$$(X \to Y) \wedge (X \to Z) \Leftrightarrow X \to (Y \wedge Z)$$

が導かれる．この同値性を上記の式に用いると

$$(Q \vee \neg Q) \to ((P \vee \neg A) \wedge (P \vee \neg B))$$

と書き換えられるが，ここでさらに分配法則を用いれば，
$$(Q \vee \neg Q) \to (P \vee (\neg A \wedge \neg B))$$
となる．ここで $A \vee B$ の恒真性を用いると，$\neg A \wedge \neg B \; (\Leftrightarrow \neg(A \vee B))$ は恒偽．よって，$(Q \vee \neg Q) \to P$ となるが，$Q \vee \neg Q$ の恒真性より，P が恒真となる．

40. (1) オーダー記法の定義より，$\exists c, d, \forall n ((\log(n))^2 \leq cn + d)$ を証明すればよい．ただし，ヒントにあるように，底が e の $\log(n)$ を考えるより，$\log_2(n)$ を考えたほうがやりやすい．そこで $\exists c', d', \forall n ((\log_2(n))^2 \leq c'n + d')$ を目標とする．この目標が証明できれば，定数 $a = \log(2)$ とすれば $\log(n) = a \log_2(n)$ なので，
$$(\log_2(n))^2 \leq c'n + d' \Rightarrow (\log(n))^2 = (a \log_2(n))^2 \leq a^2 c' n + a^2 d'$$
が成り立ち，$c = a^2 c', d = a^2 d'$ とすれば元の目標の式が得られる．

まず，十分大きな c' を $c' = 6^2 = 36$ とする．こうすれば $n \leq 2^6$ に対しては目標の不等式が明らかに成り立つ．また，議論を簡単にするために，偶数のみを考え，すべての $k \in \mathbb{N}$ に対して
$$(\log_2(2k))^2 \leq 36 \cdot (2k) \quad (*)$$
を k による帰納法で証明する．ただし，奇数の場合にも $(\log_2(2k+1))^2 \leq (\log_2(2k+2))^2 \leq 36(2k+2) = 36(2k+1) + 36$ となるので，$c' = d' = 36$ とすれば，すべての自然数で目標の不等式が成り立つ．

式 $(*)$ の証明だが，初期段階を含め $n \leq 2^6$ では明らかに成り立つ．そこで，$2(k-1)$ 以下では成立していると仮定し，$n = 2k \; (k \geq 2^5)$ の場合を考える．

この n に対し，途中でヒントの不等式 $(1+x)^t \leq 1 + t^2 x$ と $2^5 \leq k$ の仮定を用いれば，
$$(\log_2(2k))^2 = (\log_2(2) + \log_2(k))^2 = (1 + \log_2(k))^2$$
$$= (\log_2(k))^2 \left(1 + \frac{1}{\log_2(k)}\right)^2 \leq (\log_2(k))^2 \left(1 + \frac{2^2}{\log_2(k)}\right)$$
$$\leq (\log_2(k))^2 \times (1 + 4/5)$$
が示せる．

ここで $(\log_2(k))^2$ に対して帰納法の仮定を用いる．ただし k が偶数とは限らないので，使えるのは $(\log_2(k))^2 \leq 36k + 36$ のほうである．それでも十分で，再び $k \geq 2^5$ の仮定を使えば，次のように帰納法の目標 $(*)$ が導ける．
$$(\log_2(k))^2 \times (1 + 4/5) \leq (36 \cdot k + 36)(1 + 4/5) \leq 36 \cdot (2k).$$

(2) 背理法で証明する．仮に $(\log(n))^{(\log(n))} = O(n^{10})$ だとしよう．つまり，ある定数 $c, d \geq 0$ に対し，すべての $n \geq 0$ で，
$$(\log(n))^{(\log(n))} \leq cn^{10} + d \leq an^{10}$$

が成り立っていると仮定する．なお，$a = c + d$ とするので，最後の不等式が成り立つ．この両辺の対数をとると，$n \geq a$ となるすべての n で，
$$\log(n) \cdot \log(\log(n)) \leq \log(a) + 10\log(n) \leq 11\log(n)$$
となり，$\log(\log(n)) \leq 11$ が導ける．しかし対数関数の値には上界はないので矛盾．

42. 2^n 個 × 2^n 個の正方形タイルから 1 個タイルを除いた図形を，以下では $(2^n \times 2^n - 1)$-タイルと呼ぶことにする．証明のため，$P(n)$ を
$$P(n) \Leftrightarrow ((2^n \times 2^n - 1)\text{-タイルは 3-タイルで過不足なく覆える})$$
と定義し，すべての $n \in \mathbb{N}$ で $P(n)$ が成り立つことを帰納法で証明する．

初期段階：$n = 1$ の場合には $(2^n \times 2^n - 1)$-タイルは 3-タイルにほかならない．したがって，$P(1)$ は自明に成り立つ．

帰納段階：$n \leq k$ では $P(n)$ が成り立つとして，$n = k+1$ の場合を考える．任意の $(2^{k+1} \times 2^{k+1} - 1)$-タイルは，$(2^{k+1} \times 2^{k+1} - 1)$-タイルを右図のように 4 分割し，中央に 3-タイルをうまく配置すれば，4 つの $(2^k \times 2^k - 1)$-タイルになる．したがって，帰納法の仮定 $P(k)$ から，それら 4 つの $(2^k \times 2^k - 1)$-タイルを 3-タイルで覆うことができる．

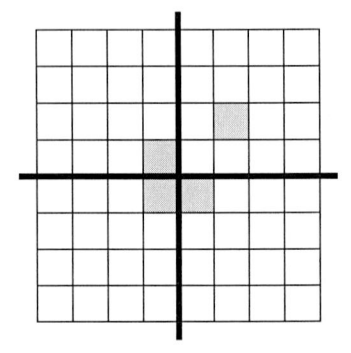

44. まず (1) R のすべての要素のグラフが 4-正則 (つまり，どの頂点も次数が 4) であることを R の定義の構造に基づく帰納法で証明する．初期段階では，その段階での R の要素は K_5 だけなので，それが 4-正則であることを示せばよいが，これは明らか．帰納段階では，$G \in R$ が 4-正則だと仮定できる．その場合に $A(G)$ の各要素が 4-正則になることは，これも $A(G)$ の構成法から明らか．よって，構造に基づく帰納法で，R の要素がすべて 4-正則であることが導ける．

逆に，(2) すべての 4-正則グラフが R の要素であることは，グラフの頂点数 n についての帰納法で証明する．頂点数が 4 以下のグラフは 4-正則に成り得ない．したがって初期段階は $n = 5$ の場合．つまり頂点数が 5 のグラフの場合だが，頂点数 5 で 4-正則なのは K_5 だけであり，これは定義から R の要素である．

帰納段階では，頂点数 $n = k+1$ (ただし $k \geq 5$) で 4-正則なグラフ G が R の要素になることを示す．G の 1 つの頂点に注目する．右図上のように，それ (黒い頂点) は 4 つの頂点と辺で

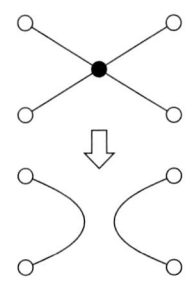

つながっている．この頂点を取り除き，左の2つ，右の2つをそれぞれ辺で結ぶ（右図下）．こうして得られるグラフを G' とすると，G' は4正則であり，G' の頂点数は k だから帰納法の仮定から $G' \in R$ となる．一方，$G \in A(G')$ なので，R の定義から $G \in A(G') \subset R$ である．

45. (1) $H(n) \Leftrightarrow (n \text{ は素数})$.

(2) $I(x,n)$ を真にするような y に対しては $x \bmod n = y^2$ が成り立つ．つまり，直感的には y は剰余 n のもとでの x の平方根である．この言葉で説明すると，$I(x,n) \Leftrightarrow (x \text{ は剰余 } n \text{ のもとで平方根を持つ})$ となる．

(3) $J(a,b,c,m) \Leftrightarrow \forall n \in \mathbb{N}(n \geq m \rightarrow \exists x,y,z \in \mathbb{N}(ax+by+cz = n))$.

46. (1) この条件は，分かれ道があったときは，その先，必ず合流点があることをあらわしている．

(2) この条件は，(i) どの頂点も有向辺に沿って次に進む先があること，そして (ii) どの頂点からも1本しか有向辺が出ていないことをあらわしている．では，そのような有向グラフは，どのようなものだろう．右図のような輪もこの条件を満たしているが，それだけだろうか？

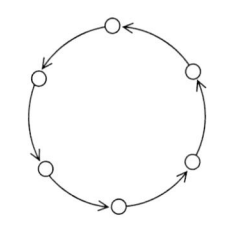

47. 無向グラフ $G = (V,E)$ に対する彩色 (の候補) を，V から $K = \{1, 2, \ldots, k\}$ への写像 f であらわすことにする．この f が正しい彩色をあらわしているかは，$f^{-1}(1), f^{-1}(2), \ldots, f^{-1}(k)$ に対する条件として記述できる．

50. (1) 与えられたオートマトンが受理する記号列を左右逆に並べた記号列の集合を受理するオートマトンを作る一般的な手順がある．オートマトンの (i) 矢印の向きを逆にする，(ii) 受理状態を開始状態にする，そして (iii) 開始状態を受理状態にする，という手順である．ただし，それをおこなうと，一般には，1つの状態から同じ記号のついた辺が2つ以上出てしまう場合がある．それを修復する方法もあるのだが，本書の範囲を超えるので割愛する．幸い，この問のオートマトン A ではその問題が生じない．上記の手順で変換すると，実はもとの A と同じオートマトンになることがわかる．つまり $L(A)^R = L(A)$ だったのである．

51. 問題の集合 L に基づく同値類を $\sim_L$ とあらわす．各 $i, j \in \mathbb{N}$ に対し，$i \neq j$ ならば a^i と a^j は $\sim_L$ の意味で同値にはならない．$\mathsf{a}^i \mathsf{b}^i \in L$ だが，$\mathsf{a}^j \mathsf{b}^i \notin L$ だからである．したがって，$\sim_L$ に関する同値類は無限個になってしまうので，定理 4.28 から L は正規集合ではない．

52. $[u]_L \cap L \neq \emptyset$ だったとする．したがって，$x \in [u]_L$ かつ $x \in L$ となる記号列 x

が存在する．ここで $[u]_L$ の任意の要素 y について考える．同値類の定義から $x \sim_L y$ であり，したがって $\sim_L$ の定義より，任意の w に対して，$xw \in L \leftrightarrow yw \in L$ である．とくに $w = \varepsilon$ とすると，$x\varepsilon\,(= x) \in L$ なので，$y \in L$ である．よって $[u]_L \subset L$ が導かれる．すなわち，$[u]_L \cap L \neq \emptyset \Rightarrow [u]_L \subset L$ が成り立つ．この対偶を考えれば，$[u]_L \subset L$ でなければ $[u]_L \cap L = \emptyset$ であることが示せる．

参考図書の紹介

　本書の話題に関連した本を紹介する．

　本書では，数学の言葉と論法を，理解し，使えるようになるための手助けとなることを目指したが，同様の趣旨で良い本が最近いくつか出版されている．ただし，名称は「集合と位相」，「離散数学」，「情報数学」と様々である．どれも基本的な点は大きく違わないが，どの分野に軸足を置いて書いているかでニュアンスが少し異なる．

　数学のための「数学の言葉」をあつかったものとしては，次のような本がある．

[1] G. F. Simmons, *Introduction to Topology and Modern Analysis*, McGraw-Hill, 1963.
[2] 高橋渉，現代解析学入門，現代数学ゼミナール，近代科学社，1994 年．
[3] 森田茂之，集合と位相空間，講座 数学の考え方 (8)，朝倉書店，2002 年．

　[1] は典型的な教科書である．前半は集合と位相空間についてまとめられており，後半では関数解析の基礎が述べられている．わかりやすい英文で書かれているので，英語で数学を勉強するのにもよい本だろう．日本の本では [2] が類似の内容をとりあげている．「数学の言葉」がコンパクトにまとめられており，その上で距離空間を経て微分積分までの基本的事項を学ぶことができる．これは本書の 3.6 節 (実数の構成) をもとに，さらに発展させた話題である．[3] も同様の内容を含んでいるが，集合や写像などの基礎的な事柄に加えて，位相空間についても重点が置かれている．

　「数学の言葉と論理」の「論理」の部分の入門書を 2 冊挙げる．本書では読みやすさを考えて厳密に書かなかったところがあるが，これらの本はその点を補うのに適している．

[4] 戸田誠之助，情報科学のための論理分析テクニック，培風館，2007 年．
[5] 鹿島亮，数理論理学，現代基礎数学 (15)，朝倉書店，近刊．

本書では論理を使う部分を「論理の計算」として説明していたが，[4] は，その部分に特化した入門書である．論理の計算規則が丁寧かつ厳密に解説され，本当に「計算」と思えるまで練習できるようになっている．ただし対象は命題論理に限定されている．「論理」を計算だけでなく，意味も含めて数学的に勉強する場合には [5] がよいだろう．これは数理論理学と呼ばれる分野の入門書である．

情報処理に関する科学技術の分野は，情報科学，情報工学，計算機科学，あるいはコンピュータ科学などと呼ばれている．本書でも述べたように，この分野でも「数学の言葉と論理」が必須である．その入門を情報の立場で書いた本も多数あるが，ここでは次の2つを紹介する．両者とも，論理やグラフを含め情報の分野で必要な離散数学を解説している．[6] は入門者向け，[7] はアルゴリズムの話まで含んだ高度で密な内容である．

[6] 石村園子，やさしく学べる離散数学，共立出版，2007年．
[7] 守屋悦朗，離散数学入門，サイエンス社，2005年．

情報の基礎理論を研究している分野を，理論計算機科学あるいは計算の理論という．本書の4.4節では，理論計算機科学の重要な話題の1つである形式言語の入門的話題を紹介したが，形式言語を含め理論計算機科学全般について，さらに勉強するには次の本をお勧めする．

[8] M. Sipser 著，太田和夫他訳，計算理論の基礎 (第2版)，共立出版，2008年．

索　引

【英語索引】

A

absolute value 絶対値, 141
alphabet アルファベット, 176
anti-symmetric law 反対称律, 105
associative law 結合法則, 4
automaton オートマトン, 190
axiom 公理, 26
axiom system 公理系, 28

B

Bernstein's theorem ベルンシュタインの定理, 91
bijection 全単射, 72
binary relation 二項関係, 104
bounded 有界, 110
bounded above 上に有界, 110
bounded below 下に有界, 110

C

canonical projection 標準的射影, 118
Cantor set カントール集合, 88
cardinality 濃度, 78
cardinality of the continuum 連続濃度, 88
Cartesian product デカルト積, 43
Cauchy sequence コーシー列, 138
closed interval 閉区間, 45
coloring 彩色, 172
commutative law 交換法則, 4
complement 補集合, 42
complete 完備, 144
composite map 合成写像, 70

composite relation 合成関係, 128
concatenation 連接, 177
concatenation closure 連接閉包, 179
conjunction 連言, 3
constant map 定値写像, 63
contrapositive 対偶, 11
convergence 収束, 144
converse 逆, 11
correspondence 対応, 63
countable set 可算集合, 82

D

de Morgan's law ド・モルガンの法則, 8, 51
definition 定義, 2
degree 次数, 164
dense 稠密, 146
difference 差, 39
direct product 直積, 43
directed edge 有向辺, 129
directed graph 有向グラフ, 129
disjoint union 直和, 116
disjunction 選言, 5
distributive law 分配法則, 6
domain 定義域, 58

E

element 要素, 31
empty set 空集合, 40
empty string 空列, 178
equivalence class 同値類, 117
equivalence relation 同値関係, 113
equivalent condition 同値条件, 13

existential proposition 存在命題, 15
existential quantifier 存在記号, 15
extension 拡張, 70

F

false 偽, 2
finite set 有限集合, 81
formal language 形式言語, 176
function 関数, 57
function of choice 選択関数, 96
fundamental sequence 基本列, 138

G

graph グラフ, 60
graph theory グラフ理論, 172

I

idempotent law 冪等法則, 4
identity map 恒等写像, 63
identity relation 恒等関係, 104
image 像, 58
implication 含意, 9
indexing set 添字の集合, 119
induction hypothesis 帰納法の仮定, 160
inference 推論, 12
inference rule 推論規則, 28
infimum 下限, 110
infinite set 無限集合, 40, 81
injection 単射, 72
intersection 共通部分, 37
interval 区間, 45
inverse 裏, 11
inverse image 逆像, 58
inverse map 逆写像, 75
inverse relation 逆関係, 128

L

language 言語, 177
law of double negation 二重否定の法則, 7
lexicographic order 辞書式順序, 108
limit 極限, 144
linear order 線形順序, 108

lower bound 下界, 110

M

map, mapping 写像, 57
maximal element 極大要素, 112
maximum element 最大要素, 109
minimal element 極小要素, 112
minimum element 最小要素, 109
modulo 法として, 114
multiset 多重集合, 36
Myhill's theorem マイヒルの定理, 187

N

natural projection 自然な射影, 118
necessary condition 必要条件, 13
negation 否定, 7
node 頂点, 129

O

one-to-one 1 対 1, 72
onto 上への, 71
open interval 開区間, 45
order 順序, 107
order isomorphic 順序同型, 109
order isomorphism 順序同型写像, 109
ordered pair 順序対, 43
ordered set 順序集合, 108

P

partial order 半順序, 108
power 冪乗, 131
power set 冪集合, 79
predicate 述語, 14
predicate formula 述語論理式, 14
prefix 接頭辞, 168
projection 射影, 63
proof by contradiction 背理法, 155
proof by contrapositive 対偶による証明, 152
proper subset 真部分集合, 35
proposition 命題, 2
propositional formula 命題論理式, 4

Q, R

quotient set 商集合, 117

range 値域, 58
real number 実数, 140
recursive definition 再帰的定義, 163
reflexive law 反射律, 105
reflexive transitive closure 反射推移閉包, 133
regular expression 正規表現, 181
regular graph r-正則グラフ, 164
regular language 正則言語, 185
regular set 正規集合, 184
representative 代表要素, 119
restriction 制限写像, 70

S

set 集合, 30
string 記号列, 176
subset 部分集合, 34
sufficient condition 十分条件, 13

supremum 上限, 110
surjection 全射, 71
syllogism 三段論法, 23
symmetric law 対称律, 105

T

tautology 恒真命題, 20
total order 全順序, 108
totally ordered set 全順序集合, 108
transitive closure 推移閉包, 133
transitive law 推移律, 105
true 真, 2

U, V

uncountable set 非可算集合, 83
undirected graph 無向グラフ, 164
union 合併, 38
universal proposition 全称命題, 15
universal quantifier 全称記号, 15
universal set 全体集合, 42
upper bound 上界, 110

variable 変数, 14

【日本語索引】

ア 行

アルファベット alphabet, 176

1 対 1 one-to-one, 72

上に有界 bounded above, 110
上への onto, 71
裏 inverse, 11

オートマトン automaton, 190

カ 行

開区間 open interval, 45
下界 lower bound, 110
拡張 extension, 70

下限 infimum, 110
可算集合 countable set, 82
合併 union, 38
含意 implication, 9
関数 function, 57
カントール集合 Cantor set, 88
完備 complete, 144

偽 false, 2
記号列 string, 176
帰納法の仮定 induction hypothesis, 160
基本列 fundamental sequence, 138
逆 converse, 11
逆関係 inverse relation, 128
逆写像 inverse map, 75
逆像 inverse image, 58

共通部分 intersection, 37
極限 limit, 144
極小要素 minimal element, 112
極大要素 maximal element, 112

空集合 empty set, 40
空列 empty string, 178
区間 interval, 45
グラフ graph, 60
グラフ理論 graph theory, 172

形式言語 formal language, 176
結合法則 associative law, 4
言語 language, 177

交換法則 commutative law, 4
恒真命題 tautology, 20
合成関係 composite relation, 128
合成写像 composite map, 70
恒等関係 identity relation, 104
恒等写像 identity map, 63
公理 axiom, 26
公理系 axiom system, 28
コーシー列 Cauchy sequence, 138

サ 行

差 (集合) difference, 39
再帰的定義 recursive definition, 163
最小要素 minimum element, 109
彩色 coloring, 172
最大要素 maximum element, 109
三段論法 syllogism, 23

辞書式順序 lexicographic order, 108
次数 degree, 164
下に有界 bounded below, 110
実数 real number, 140
射影 projection, 63
　自然な—— natural projection, 118
写像 map, mapping, 57
集合 set, 30
収束 convergence, 144

十分条件 sufficient condition, 13
述語 predicate, 14
述語論理式 predicate formula, 14
順序 order, 107
順序集合 ordered set, 108
順序対 ordered pair, 43
順序同型 order isomorphic, 109
順序同型写像 order isomorphism, 109
上界 upper bound, 110
上限 supremum, 110
商集合 quotient set, 117
真 true, 2
真部分集合 proper subset, 35

推移閉包 transitive closure, 133
推移律 transitive law, 105
推論 inference, 12
推論規則 inference rule, 28

正規集合 regular set, 184
正規表現 regular expression, 181
制限写像 restriction, 70
正則グラフ regular graph, 164
正則言語 regular language, 185
絶対値 absolute value, 141
接頭辞 prefix, 168
線形順序 linear order, 108
選言 disjunction, 5
全射 surjection, 71
全順序 total order, 108
全順序集合 totally ordered set, 108
全称記号 universal quantifier, 15
全称命題 universal proposition, 15
全体集合 universal set, 42
選択関数 function of choice, 96
全単射 bijection, 72

像 image, 58
添字の集合 indexing set, 119
存在記号 existential quantifier, 15
存在命題 existential proposition, 15

索　引

タ 行

対応 correspondence, 63
対偶 contrapositive, 11
対偶による証明 proof by contrapositive, 152
対称律 symmetric law, 105
代表要素 representative, 119
多重集合 multiset, 36
単射 injection, 72

値域 range, 58
稠密 dense, 146
頂点 node, 129
直積 direct product, 43
直和 disjoint union, 116

定義 definition, 2
定義域 domain, 58
定値写像 constant map, 63
デカルト積 Cartesian product, 43

同値関係 equivalence relation, 113
同値条件 equivalent condition, 13
同値類 equivalence class, 117
ド・モルガンの法則 de Morgan's law, 8, 51

ナ 行

二項関係 binary relation, 104
二重否定の法則 law of double negation, 7

濃度 cardinality, 78

ハ 行

背理法 proof by contradiction, 155
反射推移閉包 reflexive transitive closure, 133
反射律 reflexive law, 105
半順序 partial order, 108
反対称律 anti-symmetric law, 105

非可算集合 uncountable set, 83

必要条件 necessary condition, 13
否定 negation, 7
標準的射影 canonical projection, 118

部分集合 subset, 34
分配法則 distributive law, 6

ペアノの公理系, 168
閉区間 closed interval, 45
冪集合 power set, 79
冪乗 power, 131
冪等法則 idempotent law, 4
ベルンシュタインの定理 Bernstein's theorem, 91
変数 variable, 14

法として modulo, 114
補集合 complement, 42

マ 行

マイヒルの定理 Myhill's theorem, 187

無限集合 infinite set, 40, 81
無向グラフ undirected graph, 164

命題 proposition, 2
命題論理式 propositional formula, 4

ヤ, ラ 行

有界 bounded, 110
　(上に) —— bounded above, 110
　(下に) —— bounded below, 110
有限集合 finite set, 81
有向グラフ directed graph, 129
有向辺 directed edge, 129

要素 element, 31

連言 conjunction, 3
連接 concatenation, 177
連接閉包 concatenation closure, 179
連続濃度 cardinality of the continuum, 88

著者略歴

渡辺　治（わたなべ　おさむ）
1958年　神奈川県に生まれる
1982年　東京工業大学大学院理工学
　　　　研究科博士課程中退
現　在　東京工業大学大学院情報理工学
　　　　研究科教授・博士（工学）

北野　晃朗（きたの　てるあき）
1965年　山口県に生まれる
1994年　東京工業大学大学院理工学
　　　　研究科博士課程修了
現　在　創価大学工学部情報システム
　　　　工学科教授・博士（理学）

木村　泰紀（きむら　やすのり）
1970年　北海道に生まれる
2000年　東京工業大学大学院理工学
　　　　研究科博士課程修了
現　在　東邦大学理学部准教授・博士
　　　　（理学）

谷口　雅治（たにぐち　まさはる）
1966年　三重県に生まれる
1993年　東京大学大学院数理科学研究科
　　　　博士課程修了
現　在　東京工業大学大学院情報理工学
　　　　研究科准教授・博士（数理科学）

現代基礎数学 1
数学の言葉と論理　　　　定価はカバーに表示

2008年 9月25日　初版第1刷
2022年 6月25日　第8刷

　　　　　　著　者　　渡　辺　　　　治
　　　　　　　　　　　北　野　晃　朗
　　　　　　　　　　　木　村　泰　紀
　　　　　　　　　　　谷　口　雅　治
　　　　　　発行者　　朝　倉　誠　造
　　　　　　発行所　　株式会社　朝　倉　書　店
　　　　　　　　　　　東京都新宿区新小川町6-29
　　　　　　　　　　　郵便番号　162-8707
　　　　　　　　　　　電　話　03(3260)0141
　　　　　　　　　　　Ｆ Ａ Ｘ　03(3260)0180
　　　　　　　　　　　https://www.asakura.co.jp

〈検印省略〉

© 2008〈無断複写・転載を禁ず〉　　　　中央印刷・渡辺製本

ISBN 978-4-254-11751-6　C 3341　　Printed in Japan

JCOPY ＜出版者著作権管理機構　委託出版物＞

本書の無断複写は著作権法上での例外を除き禁じられています．複写される場合は，そのつど事前に，出版者著作権管理機構（電話 03-5244-5088, FAX 03-5244-5089, e-mail: info@jcopy.or.jp）の許諾を得てください．

好評の事典・辞典・ハンドブック

数学オリンピック事典	野口　廣 監修　B5判 864頁
コンピュータ代数ハンドブック	山本　慎ほか 訳　A5判 1040頁
和算の事典	山司勝則ほか 編　A5判 544頁
朝倉 数学ハンドブック［基礎編］	飯高　茂ほか 編　A5判 816頁
数学定数事典	一松　信 監訳　A5判 608頁
素数全書	和田秀男 監訳　A5判 640頁
数論<未解決問題>の事典	金光　滋 訳　A5判 448頁
数理統計学ハンドブック	豊田秀樹 監訳　A5判 784頁
統計データ科学事典	杉山高一ほか 編　B5判 788頁
統計分布ハンドブック（増補版）	蓑谷千凰彦 著　A5判 864頁
複雑系の事典	複雑系の事典編集委員会 編　A5判 448頁
医学統計学ハンドブック	宮原英夫ほか 編　A5判 720頁
応用数理計画ハンドブック	久保幹雄ほか 編　A5判 1376頁
医学統計学の事典	丹後俊郎ほか 編　A5判 472頁
現代物理数学ハンドブック	新井朝雄 著　A5判 736頁
図説ウェーブレット変換ハンドブック	新　誠一ほか 監訳　A5判 408頁
生産管理の事典	圓川隆夫ほか 編　B5判 752頁
サプライ・チェイン最適化ハンドブック	久保幹雄 著　B5判 520頁
計量経済学ハンドブック	蓑谷千凰彦ほか 編　A5判 1048頁
金融工学事典	木島正明ほか 編　A5判 1028頁
応用計量経済学ハンドブック	蓑谷千凰彦ほか 編　A5判 672頁

価格・概要等は小社ホームページをご覧ください．